はじめに

　樹木が種子から芽生えて、年々大きく成長し、長い時間をどうやって生き続けるのか、そしてどのような死を迎えるのかは、壮大なドラマです。樹木学はこのような視点で樹木を研究する分野です。いわば樹木の"人生"を語るのが樹木学といえるでしょう。そのために、樹木の姿形や生態を具体的に調べて、樹木の生き様を理解し、また人との関わりを考えます。堅い内容もありますが、多様なカラー写真と分り易いイラストやコラムで楽しい本になるよう工夫しました。

　第1章で、桜を樹木として分類学的に紹介します。日本には400種類以上の桜がありますが、その多くは園芸品種です。分類学的に園芸品種とは何かを始めに解説します。植物学における分類学は、核酸（DNA）の分析による最近20年の研究によって、全く様変わりしつつあります。その中でサクラの分類学的扱いも変化し、また揺れています。サクラの仲間（属）には広義と狭義の二つがありますが、本書では広義のサクラ属を認めます。そのなかには、鑑賞するための種だけでなくモモ、スモモ、アーモンドなど果物として知られる種も含まれています。その為、本書の内容は多様になりました。

　第2章は、樹木学の立場から桜を解説する本論です。日本で出版されている桜の図書は、園芸品種の紹介や詩歌の鑑賞に関するものが多いようです。本書では、桜の花、葉、幹や枝、根の作りと働き、環境への適応等について、最近の研究成果による知見を加えて、植物学的な解説を試みます。葉のダニ室や、自分の身体を食べて再生する能力など、一般には知られていない事柄も有ります。

　第3章では、"桜を観る人の目"として、詩歌や諺などから人間の桜鑑賞の例を挙げ、それに対して樹木学的知識を用いて桜の立場を語ります。人間が感じる世界とは違ったものが見えてきます。また、あまり深くは紹介されていない桜の利用も紹介しました。

目次

2	はじめに
5	第1章　サクラの分類学
75	第2章　サクラの植物学
163	第3章　人と桜
205	おわりに
206	参考文献

第1章　サクラの分類学

1 種の定義～野生種と園芸品種

①野生種とは

❀ 分類学上の「種」

　日本にあるサクラの種類は800種類以上ともいわれます。その数は世界一ですが、園芸品種が圧倒的に多く、野生種は少数です。では、野生種とは何か、園芸品種とは何かということから話をはじめましょう。

　野生種とは、自然の状態で昔から山や谷に生えている植物の種類のことです。

　野生種は地球上で自然のままに進化してできた種類と考えられています。このような種類は、分類学上の自然界での基本的な種類の単位とされます。それで、自然種、自生種ともいいます。植物学的には、単に「種」（しゅ）といいます。「種」は生物学的に植物を分類する基本単位でもあります。一つの「種」は、同じ種に属する植物の個体間の父親の花粉に由来する精子が雌蕊に作られる母親の卵子と受精して、同じ姿や性質を持った子孫を残す仲間を意味します。しかし、例外もあります。

❀ 学名と和名

　「種」は国際的に決められた単位で、世界中で植物の「種」が正しく理解されるように決められています。「種」や学名、分類体系などに関しては、『国際植物命名規約』で規定されてきましたが、現在は、最も新しい『国際藻類・菌類・植物命名規約（メルボルン規約）』に変わりました。「種」の名前には、世界中で共通の理解ができるように、ラテン語で書かれた「学名」が使われます。学名は二つの言葉でできています。例えば、*Prunus jamasakura*（プルヌス・ヤマサクラ）は学名です。*Prunus*を属名といい、*jamasakura*を種小名と呼び、イタリックで書きます。どこか、山田太郎のように、人間の苗字と名前に似ています。学名は一つの種に対して正しいのは一つだけあるように定められています。また、一番古くつけられた名前が正しいとされます（先取特権）。これに対して、同じ種に対して後につけられ

*1-1-1
（大橋他、2007）
*1-1-2
（日本植物分類学会、2012）

2009年3月29日撮影。赤茶色の葉と清楚な白い花を咲かせる野生種のヤマザクラは、古来日本人が好んできた。

た名前や分類学者の見解の相違などで、同じ植物を違った学名で呼ぶ場合があります。これを「異名」といいます。

　学名に対応した日本語の言葉もあり、これを「和名」といいます。*Prunus jamasakura*の和名はヤマザクラです。*Prunus speciosa*（プルヌス・スペキオーサ）が学名で、和名は、オオシマザクラといいます。日本では、植物関係の図書では、植物の和名は片仮名で書くことが習慣になっているようです。

❋ 亜種・変種・品種

　「種」は植物分類学上の基本単位ですが、親と同じ子供が産まれ、子子孫孫に命が伝えられる植物の集団の意味でもあります。この集団（個体群ともいう）は、ある地理的な範囲に分布しますが、それが気候や地質の異なる広い範囲に及ぶこともあり、その地域の環境に適応して、形や花が咲く時期など生態的特徴が変わってくることがあります。こうして、同じ「種」の集団の間でも、お互いに区別できる幾つかの集団ができ上がります。このような集団を区別するために、「種」の下に、さらに小さな集団が定められています。上位から下位の順に「亜種」「変種」「品種」「亜品種」の四つです。この四つの内容はそれぞれに国際命名規約で定義されているわけではありません。一般的には、亜種と変種はより大きな分類学上の意味のある集団で、品種は本来赤い花が咲く種の集団の中に偶然に白花をつける個体が見つかった場合のような軽微な違いの区分と考えられています。そして、品種は分類学上の単位とは認められないとする主張もあります。

　一方、動物分類学では「亜種」の定義があります。「形態や生態

*1-1-3
(Stuessy, 1990)

が種の中で区別できる集団で、その集団が一定の地理的分布を示す場合に亜種とする」と国際動物命名規約で定められています。この場合学名は、属名・種名・亜種名を並べて表記するようになっています。変種を動物の分類学のような内容としている植物学者もあります。山崎敬博士はツツジの分類でこのような見解を示されました。私も同意見です。亜種は変種と「種」の間という位置づけがあるだけで、他に決め手がないからです。

*1-1-4
(Yamazaki, 1996)

❀「品種」と「園芸品種」

「品種」という言葉について、植物分類学の「品種」と、園芸や作物の分野で扱う「園芸品種」では内容が違います。しかし、専門家以外にはその区別は理解されていません。サクラの分類を考える場合にはいつもこの区別を理解していなければなりません。

園芸品種は、自然の種類ではなくて、人間が作って、人間のために栽培する植物の集団のことです。名前のつけ方も違います。

②園芸品種とは

❀ 人が育て、作る植物の種類

園芸とは、人間が食用、鑑賞用などの目的で植物を育てることです。品種とは、植物の種類という意味です。つまり園芸品種というのは、人間が目的を持って育て、作る植物の種類ということになります。園芸品種は、栽培品種ともいいます。栽培の意味は、園芸と同じです。

野生種は同じ種の両親から産まれた子孫の集まりで、親から子へ、子から孫へと両親の遺伝子の組み合わせが変わりながら伝わって行く自然界の単位です。これに対し園芸品種は、人間が自然に存在する種と種を人工的に交配して雑種を作ったり、自然界で自然のままに、珍しく自然交配が起きて産まれた自然雑種を、これまた人工的な方法を使って増やしたものです。また、雑種という過程とは別に選抜という方法で作られる園芸品種もあります。

選抜とは、たくさんの種子を蒔いて花が咲いた時に、きれいな花を咲かせる株を集めて、翌年その株の種子を蒔いて、その中のきれいな花の種子を次の年に蒔く、という方法を繰り返すのです。こうしてでき上がった種を蒔くと、どれもきれいな花が咲く個体の集団が

得られます。この集団は、遺伝的な性質も似たようになるのです。このやり方は草花には利用できますが、長い年月にわたって生きるサクラのような樹木では利用できません。

　動物では雑種間には子供ができません。例えば、ロバとウマの雑種に驟馬がありますが、驟馬と驟馬の間には子供ができません。このようなことは植物にもあると考えられています。しかし、植物では、雑種間でも種子ができることがあります。この雑種の種子を蒔くと親とは違った様々な花や葉を出す苗が芽生えてきます。自然界の別種と別種の雑種ですから、両親の遺伝子が様々に現れるのです。

　たまたま素晴らしい花の雑種ができた時は、精子と卵子の受精の結果である種子を蒔くことではなく、枝を切って地面に挿して新芽を出させる「挿し木」や、他の株に枝を埋め込む「接ぎ木」という方法で株を殖やします。これらの方法では、枝を採られた親株と新しくできた子株の遺伝子は、全く同じものです。親株と子株は一つの個体の分裂した姿に過ぎません。こうした関係はクローンと呼ばれます。サクラで言えば、精子と卵子が受精し、その結果としてサクランボという果実が実り、その種子が発芽して次の世代が育つという野生種とは全く違った存在です。野生種では受精の際に新しい子供の遺伝子を作りますが、園芸植物にはその機会がないのです。雑種由来のサクラ属の園芸品種には、種子ができないものが多くあります。それは、雑種の特徴として花粉ができなかったり、雌蕊ができなかったりするからです。また、不和合性といって相性の悪い雑種同士では種子ができません。逆に、園芸品種でも種子ができることもあります。この種子を播いても、親と同じ園芸品種は産まれません。親と子は遺伝的に異なっているからです。

　雑種から始まる園芸品種は、出発点は一個の個体、つまり一本の苗です。しかし、これでは園芸品種にはなりません。一本の苗ではなくてたくさんの個体があって、はじめて品種と呼ばれるようになるのです。サクラの場合、自然界の異なる「種」に属する個体間で人工的に交配を行って雑種の個体を作り、それを接ぎ木や挿し木で増やして苗を沢山つくります。こうして、新しいサクラの園芸品種が誕生します。また、人間の力に依らず、異なった野生種の間で雑種が偶然に産まれることもあります。偶然に生まれた一本の雑種個体から人工的な接ぎ木でクローンの苗を増やし、新しい園芸品種が産まれることもあります。

2009年4月2日撮影。ブーケ状につくソメイヨシノの花。日本を代表する園芸品種で、接ぎ木や挿し木によって増やされて全国に植えられた。

*1-1-5
(国際園芸学会、2008)
*1-1-6
(清水、1990)
*1-1-7
(日本植物分類学会、2012)

*1-1-8
(田中・和田、2010)

❋ 園芸品種の学名と和名

　園芸品種にも学名と和名があります。園芸品種の学名は、『国際栽培植物命名規約』によって決められています。
*1-1-5

　この規定が無い時には、学名とは『国際植物命名規約』による学名のみを意味しました。しかし、最近の『国際藻類・菌類・植物命名規約』の前文の第11項で農学、林学、および園芸学における学名の使用について新たな言及があり、栽培品
*1-1-7
種名も学名として扱うことになりました。

　園芸品種の学名は、雑種であることが明確であれば、種小名（→p6）の前に雑種を表す × を入れます。そして、園芸品種の名前を'Somei-yoshino'と引用符で囲んで、大文字を頭にして、ローマン体で書きます。例えば、学名が*Prunus* × *yedoensis* 'Somei-yoshino'の和名はソメイヨシノです。

　ベニナデンという園芸品種の桜は、*Prunus jamasakura* 'Beninaden'と書きます。かつて*Prunus jamasakura* cv. Beninadenと表記されたことがあり、「cv.」は cultivar（園芸品種）の意味です。cutivar以外に Group というランクも設けられ、*Prunus* Satozakura Group 'Grandiflora'（和名：ウコン）という学名もあります。このように学名の表記では、その植物が野生種か園芸品種かが分かります。しかし和名はカタカナの名前ですから、この区別ができず、単に和名だけの種類では、混乱が起こります。園芸品種は、園芸種と呼ばれることもあり、分類学上の単位である「種」と紛らわしくなり、これも混乱の元になるのです。なお、園芸品種の和名は「普賢象」のように漢字で表記されることもあります。

　今まで名前がついたサクラの園芸品種の数は800以上と言われています。しかし、消滅したものもあります。
*1-1-8

2 分類体系と分類群

①人為的で古典的な分類体系

❋ リンネの分類体系

　植物の似た仲間をまとめ整理して、種類全体を組織化したものを、分類体系といいます。植物の名前の作り方と分類体系を定め、維持しているのは「国際植物命名規約」(→p6)で、6年毎に開かれる国際植物学会議の命名法部会で審議され、必要な規約の改正が決められます。

　スウェーデンのリンネが18世紀に言い出した分類学は、雄蕊の数で種を分ける考えと、種を基本として、植物の世界を幾つかの階級的なグループにまとめて全体を一つの体系として位置づける考えから成るものでした。それまでの分類では、複雑な手順で種名を調べる必要がありましたが、リンネは雄蕊の数を数えれば種名が判る簡明な方法を編み出したのです。また、種は神が作ったもので不変であり、生物の世界は植物と動物から成り、人間社会に似たような階級的なグループ体系から成っていると考えたのです。階級的にまとめられたグループを分類群(「種」や「属」はそれぞれ「分類群」という)といい、各分類群が属す階級を分類階級といいます(「種」と「属」はそれぞれ異なった分類階級に属す)。リンネの考えは後世も維持されつつ、次第に分類体系は整備され、「種」を集めて「属」が作られ、その上に「科」、その上に「目」、その上に「綱」、その上に「門」が作られました。その上に「界」があり、界は植物全体をまとめた単位です(表1)。

*1-2-1
カール・フォン・リンネ
1707～1778
スウェーデンの博物学者、生物学者、植物学者。「分類学の父」と称される。

表1　植物の分類階級と分類群

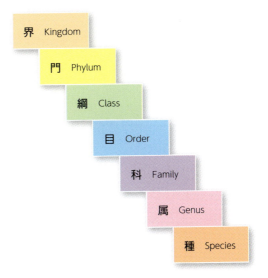

界　Kingdom
門　Phylum
綱　Class
目　Order
科　Family
属　Genus
種　Species

それぞれの「種」には名前がつけられています。世界で何十万種もある植物の「種」を、名前だけで理解することは困難です。しかし、リンネが提唱するように、生物の世界を「種」を基本に体系化することによって、目の前の植物が何という種に属し、それは植物全体の体系の中でどのような位置にあるのかが良く理解できます。分類体系の中で近い位置にある種同士は、良く似た仲間であることも理解できます。

イギリスのダーウインが進化論を唱えてから、生物は変化することで進化していくことが知られるようになり、種は神がつくったもので変化しないというリンネの考えは捨てられ、進化の道筋に沿って分類体系化する系統分類学が発展してきました。しかし、植物の種類の名前を定め、世界中でその内容の理解を共通のものとし、その分類体系の中の位置を理解するという意味で、リンネの提唱した人為的分類学には、科学とは別の重要な意味があると思います。

✤ 会社の組織に似ている？

分類体系は、会社の組織に似ています。会社の組織では、一番下に社員がいます。社員が何人か集まって「係」ができます。「係」が集まって「課」が出来ます。「課」が集まって「部」ができます。「部」の上には「取締役会」があります。さて、佐藤太郎という社員の会社の中での所属が、経理部、事業課、給与係の所属と分れば、社員の名前だけよりも、佐藤太郎さんの会社の中での位置が分り、佐藤太郎さんをもっと良く理解できることになります。この場合、事業課、給与係、と本人の名前、が最も良く理解されるキイワードです。同じように、植物の「種」を理解するには、「科」「属」「種」の三つがキイワードです。それは、「種」を集めた「属」と「属」を集めた「科」の分類群が、一番問題になるからです。

会社でもそうですが、部・課・係という組織以外にも、局とか、室とかの組織が作られることがあります。植物の分類でも、一次ランクと呼ばれる「門」「綱」「目」「科」「属」「種」以外に様々な分類階級が作られています。例えば二次ランクとして、科の下に「連」、属の下に「節」と「列」、「種」の下に「変種」と「品種」が設けられています。また、一次ランクと二次ランクはそれぞれ「亜」という階級も作られています。上に述べた「科」、「属」、「種」の三つのキイワードには、「亜科」「亜属」「亜種」という分類階級があります。

❋ 種内分類群

前述したように、「種」の中には、「亜種」があり、その下に「変種」と「品種」があります。個々の樹木を比べると、全体的にはいずれも同一種として考えられるが、この中に、大部分の樹木とは違った形や性質の樹木があり、一つ種の中で区別できるグループと考えられる場合に使われる分類群です。例えばサクラ属の野生種で、富士山を中心に分布するマメザクラには、ブコウマメザクラという変種があります。秩父地方にだけ分布する樹木で、葉が大きく、毛の少ない点で区別されています。「亜種」「変種」「品種」を種内分類群といいます。以上の追加された分類階級と分類群を加えると、分類階級も分類群も多数になります(表2)。

植物分類学で言う品種(forma)と園芸品種(cultivar)は、異なった概念です。「品種」は最も小さな種内分類群の単位で、他の植物群と些細な違いしか無く、特定の分布範囲も無いような、いわば偶発的に生じた個体群を意味します。赤い花の咲く植物が多い中に、偶々白花が咲く個体群がある場合などに認められる単位です。研究者によっては、こんな小さな分類群の単位は認められないと主張します。かつて、或る日本の分類学者が品種をたくさん発表したところ、海外から非難されたことがありました。しかし、些細な分類群の違いを認識することは分類学にとって大切な意味があります。一方、園芸品種は、人間が利用する観点から一定の共通の性質や形があってそれが、世代を越えて伝えられる個体群(個体の集まり)を意味します。植物分類学上の「品種」と「園芸品種」は、しばしば混同されますが、前者は「国際藻類・菌類・植物命名規約」(→p6)、後者は「国際栽培植物命名規約」(→p10)によって規定された、別の概念によるものです。

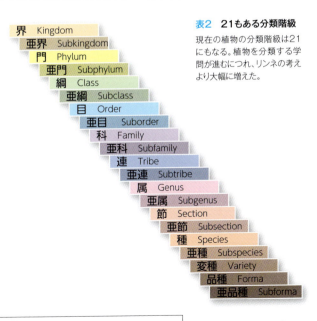

表2　**21もある分類階級**

現在の植物の分類階級は21にもなる。植物を分類する学問が進むにつれ、リンネの考えより大幅に増えた。

3　桜の分類学的位置

①新しいバラ科の分類

❁ 最新の分類体系

　リンネの分類体系は雄蕊の数で植物を分類する性体系と呼ばれるものでした。その後、様々な分類体系が発表されましたが、やがてドイツのアドルフ・エングラーが世界規模で植物の分類や形態を書いた『自然の植物の科』を出版し、世界中で最も広く用いられる分類体系となりました。*1-3-1 当時進化論が世に出て、植物分類学は進化を背景にした系統分類学へと発展しつつありました。この分類体系は、進化の概念を反映させるということでは難点がありました。しかし、リンネの体系がそうであったように、植物を分類する時に分り易いという特徴がありました。そのため日本に入ってくると主流となり、牧野富太郎博士などによる戦前の植物図鑑や戦後の改訂された図鑑、さらに現在も図鑑の定本となっている保育社のシリーズ『原色日本植物図鑑』*1-3-3、平凡社のシリーズ『日本の野生植物』*1-3-4 などは、エングラーの流れを汲むハンス・メルヒオールによる体系に従っています。*1-3-5

　最近はDNA（核酸）の研究に大きく依存した新しい分類体系が知られ、採用されるようになってきました。本書では、マバリーの提唱した新しい体系によって解説します。*1-3-6 マバリーによるこの体系では、リンネ以来の伝統的で現在も国際命名規約に規定されている分類体系を維持しています。さらに、核酸の研究が爆発的に進行する前に発表された種子植物の分類体系 に、核酸の研究の成果を加えた新しい考えを加え、それに基づいて作られています。*1-3-7 マバリー

*1-3-3
(北村・村田他, 1961〜1979)

*1-3-4
(佐竹・大井他, 1981〜1989)

*1-3-5
ハンス・メルヒオール
1894〜1984
ドイツの植物学者。ベルリンの植物園にいたエングラーのもとで働き、やがて同園の園長となった。エングラーの分類体系をもとに修正を加えた、新・エングラー体系を提唱した。
(Melchior, 1964)

*1-3-6
デイビット・マバリー
1948〜
イギリスの植物学者。「Mabberley's plant-book」を出版し、それまでの類似性に基づく分類とは異なる、DNA解析に基づいた分類体系を提唱している。
(Mabberly, 2008)

*1-3-7
(Cronquist, 1981)

*1-3-1
アドルフ・エングラー
1844〜1930
ドイツの植物学者。『自然の植物の科』（全23巻　1887〜1915）を出版、リンネ以来の新しい植物分類体系の基礎を築いた。

*1-3-2
牧野富太郎
1862〜1957
日本の植物学の父と言われ、多くの新種を発見し命名した。『牧野日本植物図鑑』(1940)をはじめ、多くの著書がある。1913年には、来日したアドルフ・エングラーとともに日光で植物採集も行っている。

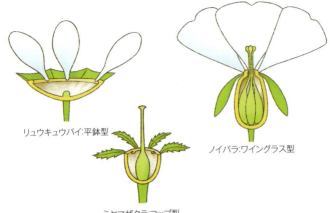

図1　バラ科の花托筒

サクラの仲間など、バラ科の或る植物には花托筒がある。花托筒とは、小枝の先が皿状やコップ状に広がったものをいう(→P16)。

の体系では、サクラの仲間は、植物界・種子植物門・被子植物亜門・双子葉植物綱・バラ目・バラ科の植物ということになります。

　バラ科は、世界に100属3,000〜3,400種もある大きな科です。多くの種は北半球の暖帯から温帯に分布します。高木になる樹木から小さな草本まで非常に多様な姿形や生活型が見られますが、花の基部に花托筒(→p16)を持つことが共通する大きな特徴です。花をつけている小枝の先を花托(→p16)といいますが、バラ科ではリキュウバイの花のように平たい皿のようであったり、ノイバラのように壺状になったりします。サクラの仲間では、円筒状やミヤマザクラのように円錐状または側面から見て三角のコップのような形をしています(図1)。

　花托筒について従来日本では、萼筒という言葉が使われてきました。現在は花托筒または花コップと呼ばれます。萼筒と花托筒は植物学上、別物であることが解ったからです。この経緯は第2章で説明します。

*1-3-8
(Cronquist, 1981、Campbell, et al., 2007)

❋ バラ科を14連とする分類へ

　バラ科は、以前のエングラーの分類体系では、バラ亜科、サクラ亜科、ナシ亜科、シモツケ亜科の4亜科に分類されました。しかし、新しい体系では、亜科とその下の「連」の分類で異なった見解が提出されています。ヘイウッド等は、従来の4亜科の内、バラ亜科とナシ亜科は系統としてまとまっているが、他はそうではないとして亜科を考えず、バラ科を14の連に分類しました。それはマバリーと同じ内容で表3(→p16)のようになります。

　一方、キャンベルなどは、バラ科に、Rosoideae, Dryadoideae,

*1-3-9
(Benson, 1959)

*1-3-10
(Heywood et al., 2007)

*1-3-11
(Campbell et al., 2007)

表3 バラ科の14の連

バラ科を科の下の分類階級に分けると14の連になると、ヘイウッド等は考えている。

1 Exocordeae リュウキュウバイ連	2 Spiraeaeae シモツケ連	3 Neillieae コゴメウツギ連	4 Gillenieae ホザキナナカマド連	5 Kerrieae ヤマブキ連	6 Dryadeae チョウノスケソウ連	7 Ulmarieae シモツケソウ連
8 Sanguisorbeae ワレモコウ連	9 Potentilleae イチゴ連	10 Rubeae キイチゴ連	11 Roseae バラ連	12 Pruneae サクラ連	13 Maleae リンゴ連	14 Crataegeae サンザシ連

Spiraeoideaeの3亜科を認めています。バラ科の分類は未だ明らかではないといえるでしょう。

②サクラの花のつくり

サクラの花のつくりを図2で説明します。

この図はサクラの花を縦に切った断面(**a**)と花托筒の外観(**b**)を示しています。花がつくのは枝の先で、この枝を小花柄といいます。小花柄の先端のふくらんだ部分を一般に花托といいますが、サクラでは筒状で花托筒と呼ばれます。ですから、花托筒は枝の一部です。花托筒の先端には萼片、雄蕊、花弁の三つの花の器官がついています。萼片は先の尖った細長い小さな葉のような形で縁が全縁(→p100)のことも鋸歯(→p100)があることもあり、種の特徴を示す材料になる場合があります。雄蕊は花托筒の内側から花糸を伸ばし、15~40本位あります。花糸の先には花粉を入れた袋である葯がついています。花托筒の縁に五枚の花弁がついています。花弁の先端の多くは少し凹んでいます。花弁の基部は細くなって、細い部分(爪という)で花托筒にできた孔に差し込まれています。花が咲いて数日経つと、爪のすぐ上に離層という組織ができて、ここから花弁が外れて落ちます。

花托筒の内側基部には緑色をした卵型の子房が一個あります。子房から長い花柱が伸び、その先には小皿のような柱頭がついて

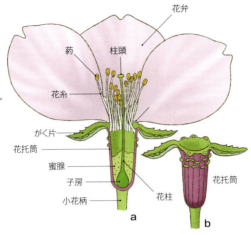

図2 サクラの花の縦断面と花托筒

花の各部分には図のように名前がついている。

います。花托筒の内側の半分位には、密を出す蜜腺がたくさんあります。花が開くと花托筒は蜜で満たされます。ミツバチなどが飛来して密を吸うと、そのとき花粉を運搬します。

　花托筒の外側は赤紫色で縦に盛り上がった線が15〜20本ほどあり、花托筒の上の方には、表皮が膨れたような不定形の膨大部が散在します。bの図では5枚のうち2枚の萼片が描かれ、花弁は取り除かれています。花弁の爪の跡は穴となっています。小花柄、花托筒の外側、萼片、雄蕊、花柱などに毛が生える種や無毛の種があって、種の判定に使うことがあります。

③サクラ属の分類：広義と狭義の分類

❈ 広義の分類

　サクラ属 *Prunus* には、現在広義と狭義の二つの分類が共存しています。従来日本では、サクラ属の分類には広義の分類が用いられ、サクラ属は 表4／1A の5亜属に分類されてきました。この分類は世界的に見ると、フォッケを受け継ぐ伝統的なものです。また、DNAの解析に大きく影響されつつある現在の分類の中で、従来の立場を堅持したアメリカのクロンキストの分類体系を発展させたイギリスのマバリーは、世界の属を網羅した属名事典で「DNAの研究から *Prunus* 属のまとまりは明確である」として、広義のサクラ属を認め、従来の5亜属を変更して、スモモ亜属 *Prunus* からアンズとウメを独立させ、アンズ亜属 *Armeniaca* を認め、モモ亜属 *Amygdalus* からアーモンドを独立させて、新たなアーモンド亜属 *Amygdalus* を加え分類する考

*1-3-12 （北村・村田他、1979、長村他、1988、大場、1989）

*1-3-13 (Focke, 1891)

*1-3-14 (Cronquist, 1981)

*1-3-15 (Mabberly, 2008)

えを示しています。

　これにより、従来のスモモ亜属はスモモとその近縁だけとなり、モモ亜属の名前はPersicaとなってモモとその近縁だけとなりました。つまり、表4／1Bの7亜属になります。現在、広義のサクラ属の亜属レベルの分類はこのようになっているのです。

✻ 狭義の分類の出現

　1941年に、サクラ属の亜属を属に格上げする狭義の分類がコマロフが編集する『ソビエト連邦植物誌』の中で現れました。この本では、サクラ属の新しい分類に関して、それまでの研究の経緯や新分類の著者は記されていません。最初にバラ科の四つの亜科が示され、ついでサクラ亜科の記載があります。それに続いて新しい属の検索表があり、シシキンによるものであることが示されています。新属は、表4／2Aの8つです。各属の概要と各種の記載には執筆者が示されていて、Cerasusサクラ属の担当は、ポヤルコバです。LaurocerasusとPrinsepiaの二属の担当はコマロフ自身です。

　当時のソ連邦はスターリンが支配する強力な共産主義国家でしたから、研究者の仕事には個人名より科学アカデミーという組織が重要で、それで著者名が無いのだと思います。ですから、この新分類を誰が提唱したのかは分りません。私は形式上、検索を書いたシシキンかなという気がしましたが、絶対的な権限のある編集者のコマロフを代表とするのが共産主義国家の観点から妥当です。

④中国への伝播

　サクラの狭義の分類が中国で正式な形で発表されたのは、中国植物誌、第38巻でした。ここではサクラ亜科の記述があり、続いて属の検索があります。そこでは、ソ連の新属に加えてPygeum、Maddeniaという二つの属があって、表4／2Bの9属が取り上げられています。中国植物誌には、世界では10属あると説明されていますが、10番目の新属の名前は分りません。解説としてサクラ属についての分類の始めからの歴史が述べられ、コマロフの分類は現在ソ連の各図書で普遍的的に採用されていることに触れています。結論として「我々は以下の6属を今後発展段階的に研究する」とし、コマロフの分類からPrincepiaヘンカンボク属を除いた6属を採用しています。

*1-3-16
(Komarov, 1941)
ウラジーミル・コマロフ
1869〜1945
ソ連科学アカデミーの会員として植物学の研究に従事し、極東地方からモンゴルなどの植物相について多くの著書を残した。大戦中にウラル地方の資源開発の指揮をとり、「社会主義労働英雄」の称号を与えられた。

*1-3-17
(B. K. Shishkin)

*1-3-18
(A. I. Poyarkova, 1941 原書はロシア語でPojarkova)

*1-3-19
(愉他、1986)

*1-3-20
(Abdulina, 1998)

*1-3-21
(Sennikov, 2011)

表4 広義のサクラ属と狭義のサクラ属

1. 広義のサクラ属

A Engler und Prantl, 1964; 北村・村田他, 1979

Prunus サクラ属	
Cerasus	サクラ亜属
Padus	エゾノウワミズザクラ亜属
Laurocerasus	バクチノキ亜属
Prunus	スモモ亜属
Amygdalus	モモ亜属

B Mabberley, 2008

Prunus サクラ属	
Cerasus	サクラ亜属
Padus	エゾノウワミズザクラ亜属
Laurocerasus	バクチノキ亜属
Prunus	スモモ亜属
Armeniaca	アンズ亜属
Persica	モモ亜属
Amygdalus	アーモンド亜属

1Aは従来日本で使われてきた分類、
1Bは現在欧米で使われている、マバリーの体系に基づく分類。
2Aはソビエト時代にコマロフが提案した分類、
2Bはそれをもとにしたと思われる中国で使われる分類。

2. 狭義のサクラ属

A Komarov, 1941

Armeniaca	アンズ属
Persica	モモ属
Amygdalus	アーモンド属
Laurocerasus	バクチノキ属
Padus	エゾノウワミズザクラ属
Prinsepia	ヘンカンボク属
Prunus	スモモ属
Cerasus	サクラ属

B 愉・陸他, 1986

Prinsepia	ヘンカンボク属
Amygdalus	アーモンド属
Armeniaca	アンズ属
Prunus	スモモ属
Cerasus	サクラ属
Padus	エゾノウワミズザクラ属
Laurocerasus	バクチノキ属
Pygeum	ピゲウム属
Maddenia	マッデニア属

C 大場, 2007

Armeniaca	アンズ属
Persica	モモ属
Laurocerasus	バクチノキ属
Padus	エゾノウワミズザクラ属
Prunus	スモモ属
Cerasus	サクラ属

⑤遺伝子による系統解析

*1-3-22
(Lee & Wen, 2001)

　リー＆ウエンは、核の中にある遺伝子を調べる方法によって広義のサクラ属の系統分岐を研究しました。表5によって、その結果を説明します。表の左側にあるトーナメント表のような線は、祖先から分岐した系統を示しています。右側にはサクラの種類の名前が色別の帯のように並んでいます。

　aの線を右にたどると*Lynothamnus*の帯が2本並んでいます。これはサクラ属とは関係しない外部分類群で、バラ科の1種の標本のデータであることを示しています。このデータを目安にしてサクラの仲間の系統樹が解析されます。**b**の分岐線の先には、4種類の植物があります。これらの植物は、今まで系統的な関係が不明だった、広義のサクラ属に近い系統であることがわかります。**c**から先は多数に分岐していますが、その先の帯の種類全部が広義のサクラ属（*Prunus*）です。この属はこれらの植物群全体がひとつの先祖から分岐した単系統を作ります。

　右に並んだ色のついた帯を説明しましょう。**d**は亜属名の略です。*Pr.*（*Prunus*：スモモ亜属）、*Ce.*（*Cerasus*：サクラ亜属）、*Amy.*（*Amygdalus*：モモ亜属）、*Pad.*（*Padus*：エゾノウワミズザクラ亜属）、*Lau.*（*Laurocerasus*：バクチノキ亜属）です。**e**は種名（数字は標本番号）、**f**は和名、中国名と主な産地です。

　リー＆ウエンはこの表から、**c**の系統の広義のサクラはよくまとまっており、*Maddenia*属（中国産）を含んでいる。**b**の系統の*Princepia*、*Oemleria*、*Exochorda*は別の系統であると結論しました。また亜属の中に種の位置がまとまっていないのも、亜属が属として認められないことの理由としています。スモモ亜属にサクラ亜属のスナザクラ（**g**）とユスラウメ（**h**）が入っていたり、エゾノウワミズザクラ亜属にサクラ亜属のルーシー桜（**i**）が入っていたりするのは問題だというのです。さらに広義のサクラ属には「スモモ・モモ亜属」と「サクラ亜属・エゾノウワミズザクラ亜属・バクチノキ亜属」の2グループが認められるといいます。

　ポッター＆エリクソン他は、バラ科の系統と分類の包括的なDNA分析を行い、広義のサクラを認め、その中にモモ亜属、アンズ亜属、サクラ亜属、バクチノキ亜属、エゾノウワミズザクラ亜属、*Maddeina*亜属、*Pygeum*亜属を示しました。そして、広義のサクラ属の特徴として、落葉性の托葉、1本の雌蕊、核果、染色体の基本数x=8を挙げています。

*1-3-23
(Potter & Erikson et al., 2007)

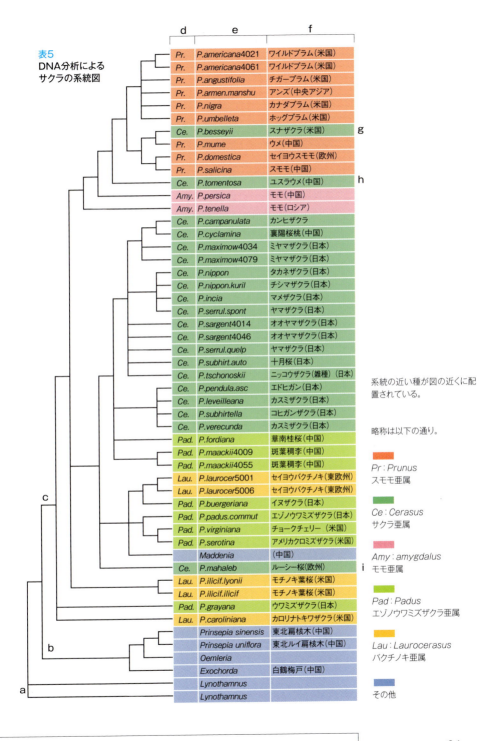

表5 DNA分析によるサクラの系統図

系統の近い種が図の近くに配置されている。

略称は以下の通り。

Pr : Prunus スモモ亜属

Ce : Cerasus サクラ亜属

Amy : amygdalus モモ亜属

Pad : Padus エゾノウワミズザクラ亜属

Lau : Laurocerasus バクチノキ亜属

その他

Column
日本に於ける分類の揺れ

　現在の日本でのサクラ属の分類は、狭義と広義のあいだで揺れています。大場秀章元東京大学教授は、日本産のサクラの分類群の名前を整理した論文と「サクラ亜科の系統分類」*1-3-24 表4／2C（→p19）で、狭義のサクラ属を主張しています。広義のサクラ属について「種数が不自然に多すぎる（約200種）」と述べ、コマロフやポヤルコバによる狭義の分類について論文で「サクラの仲間の多様性が高いソ連邦や中国の学者の支持を得てきた」とし、コマロフを基本にした分類を採用しています。

　この本では広義のサクラ属の分類を採用しますので、筆者が考える狭義のサクラ属の分類についての疑問点をいくつかあげたいと思います。

　大場教授の解説には「狭義のサクラ属（*Cerasus*）の特徴は、花に長い柄があることと、果実に縦方向の浅い溝あるいは窪み（縫合線）が無いこと」とあります。また「スモモとアンズ以外の雑種は知られていない」*1-3-25 との記述もあり、これらの点について私の考察を述べます。

❋「長い花柄」について

　狭義のサクラ属のオオシマザクラ、ヤマザクラ、カンヒザクラ、セイヨウミザクラ（オウトウ）などは確かに花に長い小花柄があります。しかし、狭義のサクラ属には、小花柄が1cmに満たないニワザクラやニワウメ、ユスラウメ、テンザンザクラが含まれます。また、オオシマザクラの園芸品種であるワシノオ（東京の荒川土手で栽培されていた品種。人工的な雑種起原ではない可能性もある）の小花柄は短く、長さ1〜1.5cmです。野生種のフジザクラの小花柄は長さ8〜15mmです。さらに、ヨーロッパ産の*Prunus mahaleb*は総状花序で小花柄は8〜12mmです。この数字はスモモの果実の大きな品種の約1cmと変わりません。また、*Prunus mahaleb*はDNAの研究から*Cerasus*（サクラ亜属）に属するという考えは疑問です。

❋「果実の縦方向の溝や縫合線」について

　私が観察したほとんどのサクラの仲間の果実には、少なくとも若

*1-3-24
(Ohba, 1992)

*1-3-25
(大場他, 2007)

い時には明瞭な縫合線（縦筋）があります。オウトウでは、この縫合線は成熟しても明瞭です。また、ヨーロッパ産の*Prunus avium*と*Prunus cerasus*の図の果実には、明らかな縫合線が描かれています。
*1-3-26
　さらに、この縫合線は内果皮（核）の構造と対応しています。核の腹面には縦方向に三本の畝あるいは障壁のような構造があって、核の壁はこの面で厚く、内部に縦方向の溝があります。背面には縦方向の線は一本のみです。このつくりは広義のサクラ属（*Prunus*）に共通です(1〜3)。また前述したように、狭義のスモモ属（*Prunus*）の果樹品種の果実には明瞭な柄がありますから、果実の表面が無毛であることと考え合わせると、両者を区別する理由が無くなります。

✻「スモモとアンズ以外の雑種は知られていない」について

　狭義の分類では別属であるモモとスモモ、アンズとスモモの間で容易に雑種が作られます。雑種ができる間柄はこれらの植物がごく近縁であることを示しています。スモモの果実は無毛ですが、モモの仲間にも無毛の果実を持つネクタリンがありますから、果実の毛の有無も属を分ける根拠にはならないと思います。
　核の表面の模様もかなり違うものがありますが、その構造は基本的に核表面の畝状の発達の程度にあり、一見非常に異なるように見える平滑に近いオオシマザクラ（わずかな畝）から、筋状の太く複雑なモモや多数の孔のあるウメまで連続的に変化することが分っています(4〜6)。こうした間でも交雑ができるので、模様も変化します。あまり確かな分類形質にはならないといえます。
　スモモとアンズ以外の雑種は知られていないとありますが、モモとスモモやモモとアーモンド、ウメとアンズ、スモモとウメの雑種ができます。さらに、モモの台木にアーモンド、ウメ、ユスラウメ、ニワウメ、スモモを使って接ぎ木をすることができます。この事実もこれらの樹木が近縁である証拠でしょう。
　以上の考察と、⑤で述べた遺伝子解析の結果を勘案し、筆者は広義の*Prunus*を使います。

*1-3-26
(Blamy & G-Wilson, 1989)

1

2

3

4

5

6

Column
中国の分類は政治的？

ウラジーミル・コマロフ
1869〜1945

ヨシフ・スターリン
1878〜1953
ロシア領のジョージアで生まれ、マルクス主義に基づいた革命運動に参加。レーニン死後の後継者争いでトロツキーを下し、ソビエト連邦の国家指導者として権力をふるった。

　コマロフの狭義のサクラ属の分類を取り入れた図書を筆者は1985年に中国新疆で、『新疆植物検索表』によって知りました。1940頃、当時の若手研究者は皆ソ連へ留学をしていたそうで、コマロフの分類はいち早く中国に伝えられたと思います。

＊1-3-27
（新疆八一農学院編著、1982）

　中国が狭義のサクラ属の分類を取り入れた本当の理由は、ヨシフ・スターリンと毛沢東の関係にあったのではないかと筆者は推察します。
　ロシア革命の指導者であるレーニンは1922年、スターリンをソビエト連邦共産党書記長に任命しました。1924年にレーニンが死去すると、スターリンは独裁体制を敷き、ソ連のナショナリズムとスターリンへの個人崇拝の鼓舞を目指して強力なプロパガンダを展開しました。
　ジェームズ・ワットの蒸気機関はソ連のチェレパノフ親子の発明、ライト兄弟の飛行機の発明はソ連のドブルコフとロデイジーの発明と宣伝されました。こうした中で、ソ連の国際的位置を高めるような科学的、文化的な業績に対し、スターリンは自分の名前を冠した多くの賞を作りました。スターリン賞、スターリン国家賞、スターリン平和賞などです。
　トロフィム・ルイセンコは画期的な進化論を唱え、スターリンの後ろ楯を得て強大な権力を握りました。彼の言う「獲得形質の遺伝」は、適者生存の進化論に対し、努力すればその結果は獲得形質として身に着き、報われるというスターリンのプロパガンダに好都合で、スターリンは熱烈にそれを支持したのです。ルイセンコに社会主義功労者英雄勲章を与え、彼の小麦栽培に関する学説を農業に利用しようとしました。ルイセンコは、三回もスターリン賞を受賞しました。ルイセンコの学説は極めて政治的なもので、そのため彼の学説はソ連邦の崩壊で消滅したのです。
　その時のソ連科学アカデミーの総裁が、ヴラジーミル・コマロフでした。コマロフは1869年生まれで、1936年から1945年に死去するまで総裁の地位にありました。植物分類・地理学者で極東地域の植物調査を行っ

トロフィム・ルイセンコ
1898~1976
ウクライナ生まれの農学者、生物学者。スターリン、フルシチョフの支持を背景にソ連の農業政策に勢力をふるった。

1949年12月、スターリンと毛沢東が初会談。

た碩学でしたが、このコマロフが中心になって、「ソ連邦植物誌」（1941年／太平洋戦争勃発の年）が膨大な内容の書物として出版されたのです。コマロフは1941年と1942年に続けてスターリン賞を受賞し、1943年には社会主義英雄となりました。この出版は自然資源の基礎資料として重要な意味を持つソ連邦の国家的事業であったに違いありません。また、格好のプロパガンダとして、従来の欧米中心の分類体系とは異なる新しい体系が求められたのでしょう。科のレベルの分類は世界的に共通の理解がほぼでき上がっていましたから、新学説として既存の属を改訂し、新しい属を多く発表することが現実的だったのだと想像できます。サクラ属の場合、亜属とされていた分類群を属に格上げすることにより、新しい多くの属を作ることができるのです。「ソ連邦植物誌」にはサクラ属に関連した新属以外の新属がたくさんあるようです。

＊1-3-28

＊1-3-28
（コマロフ、1941）

　スターリンは温室で熱帯や温帯の植物を育てるのが好きで、とくにレモン作りを熱心にやって側近に自慢して食べさせたそうです。このような趣味の持ち主だったので、コマロフの業績にも理解があったでしょうし、「ソ連植物誌」はスターリンのお墨付きだったと思います。コマロフはコマロフ研究所に名前を残していますが、この研究所は現在も優秀な分類学者を輩出しています。

　一方の中国では、毛沢東が1936年に中国共産党中央革命委員会主席となり、権力を掌握しました。中国共産党はこの間に、党員やソ連の科学アカデミーを真似た中国科学院の研究者をモスクワなどに派遣していました。これらの人脈を通して、コマロフの「ソ連植物誌」が中国に持ち込まれました。当時、毛沢東はスターリンの政治を手本としていましたので、ルイセンコの農業政策やコマロフに対する評価もそのまま伝えられたでしょう。筆者はコマロフのサクラの仲間の新属は、科学的というより、政治的理由によって作られたのではないかと疑っているのです。

4 日本の野生種・15種

　日本には三亜属があります。その特徴を比較して示したものを検索表といいます。以下のようです。検索表は様々な分類群で用いられます。

①オオシマザクラ　■サクラ亜属　*Prunus speciosa*

❋ 海岸型とフォッサマグナ要素と

　このサクラは、伊豆諸島の原産です。自然の分布域は比較的狭く、伊豆諸島と伊豆半島南部と考えられてきました。温帯モンスーン気候の海岸であり、オオシマザクラはこれに適応した特徴を備えた海岸型植物であると私は考えています。温帯モンスーン気候下の海岸は、秋から冬にかけて温暖で日光に恵まれ、常に海からの潮風と強烈な太陽の紫外線や熱に晒されています。このような環境に適応した海岸型の植物は、葉が厚く、表面に厚いクチクラ（一種のワックス）の層があって紫外線や熱を反射し、内部を保護しています。また、葉が丸く、大きく、鋸歯が粗く、先が鋭く尖る傾向があります。毛はなく、花や果実も大型になります。オオシマザクラはこのような海岸型の特徴を備えています。海風に耐えられるよう大枝が横に広がった扇型の樹形で、強風による枝折れの危険に備えるためか、幹の根元からの優れた萌芽力を持っています。

　オオシマザクラのもう一つの重要なことは、フォッサマグナ地域（→p39）という火山性の地質の特異な場所（伊豆・伊豆諸島）に生息し、分布域が狭いことです。このサクラの起原や類縁関係には様々な議論が続けられてきました。
　オオシマザクラは、早咲きで白い大型の花が2月初旬から4月中旬まで次々と咲き続けます。また、花の形に変化が大きく、他のサクラの種と容易に雑種を作り、多くの園芸品種の元になっています。最近は、各地に植栽されて桜の世界を変化させるのではないかと危惧されます。富士山麓では、ソメイヨシノの並木に混じって思わぬ所で植えられて白い大きな花を開いていて驚かされます。
　オオシマザクラの若葉は通常は緑色で、開花と同時に開くことが多いのですが、稀にヤマザクラのように赤茶色だったり、わずかに葉に毛のある個体があります。これも、このサクラの変異の大きさを示しています。

2015年2月27日、伊豆大島の大島公園にて撮影。手前のオオシマザクラは早咲きで開花を迎えているが、後ろの常緑の森の中にある天然記念物のオオシマザクラはまだ芽吹き前。

ヤマザクラの開花風景。近景のドーム状の株の樹冠は上部が白い花で埋まり、下部は開き始めた葉の赤色に染まる。遠景の多くの株は、開花時の違いで白やピンクに見える。2009年3月29日撮影（上）、2007年4月9日撮影（下）。

2002年3月29日撮影。ヤマザクラは、葉が開く頃白い花と赤い葉の混成状態となり、遠目にはピンクに見える。

②ヤマザクラ ■サクラ亜属 *Prunus jamasakura*

✿ 白い花と多毛の葉

　若葉は赤みがあるのが普通ですが、緑色の葉もあります。花は圧倒的に白色です。葉の毛について、私はまだ閉じた状態の葉の上面で2種類の毛を観察しました。1つは、主脈に沿って葉の基部から先端に向けて2列に寝た長さ1mm位の長い毛です。この毛は葉が展開すると落ちてしまいます。もう1つは、葉の細脈上に散生する長さ0.1mm位の毛です。この短い毛は葉が展開してもしばらく残ることがあります。

　分布については、最近の韓国の樹木図鑑によれば韓国にはありません。「本州、日本海側は新潟県以南」とされているのに関して、「新潟県の北部の海岸近くに分布する」という分布図の知見があります。しかし、私の調査からは疑問です。カスミザクラをヤマザクラと誤認している可能性があります。

*1-4-1 (趙, 1989)

*1-4-2 (林, 1969)

③カスミザクラ ■サクラ亜属 *Prunus verecunda*

✿ 粘り気のある、薄い葉

　カスミザクラはヤマザクラに似ています。カスミザクラの特徴として、葉に毛があることが指摘されてきましたが、その毛のありかたは、多

2015年4月23日撮影(上・下)。新潟県北部、新発田市のカスミザクラが咲く里山。黄色い菜の花の向こうの新緑の雑木林に咲く風景は、ヤマザクラと同じ美しさ。カスミザクラの新葉はやや茶色。

毛から無毛まで非常に多様で、まだ把握されているとはいえないように思います。筆者は、若い葉の質が薄く、裏面に光沢があって、粘液をもつこと、葉身の形が基本的に倒卵形であることは、特徴だと思います。いずれにせよ、カスミザクラについてまだ調べることがたくさん残っていて、観察を積み上げて行かなければいけないと思います。

❋ カスミザクラとヤマザクラ～観察による検討

　従来の図鑑の検索表では、カスミザクラとヤマザクラについて以下のようにまとめられています。

カスミザクラ

- 若葉は緑色で葉柄と小花柄に毛がある
- 成葉は倒卵状楕円形で両面に散毛があり裏面は淡緑色で光沢がある
- 開花がヤマザクラより2週間ほど遅い

ヤマザクラ
- 若葉は赤褐色で葉柄と小花柄は無毛
- 成葉は長楕円形、楕円形で稀に倒卵状楕円形、両面無毛で、裏面は粉白色
- 開花がカスミザクラより2週間ほど早い

　筆者は、山梨県の富士山西北麓の本栖湖（河口湖町）で2度にわたってカスミザクラを観察しました。また、5月から6月にかけて新潟県新発田市の郊外（左頁）、山形県酒田市と遊佐町の海岸、秋田県能代市の風の松原、青森県弘前市の弘前城公園などでカスミザクラの成葉を観察しました。

　本栖湖の第1回目の観察で、表6のように上記の検索表と種の記述とは異なる結果が得られました。

表6　カスミザクラの葉の形質

形質と呼ぶ葉の分類学的特徴は多様で、まだ研究の余地がある。

場所	標本記号	葉柄の毛	葉表の毛	葉裏の毛	葉質・光沢
本栖湖 (2015/04/30, /05/15)	標本A	散生	散生	なし	薄い・光沢あり
	標本B	多い	多い	主脈に沿って多い	薄い・光沢あり
	標本C	多い	多い	主脈に沿って多い	薄い・光沢あり
	標本D	なし	なし	なし	薄い・光沢あり
新発田市 (2015/04/23)	標本A	散生	なし	なし	薄い・光沢あり
	標本B	散生	散生	なし	薄い・光沢あり
	標本C	なし	なし	散生	薄い・光沢あり
酒田市 (2015/06/23)	標本A	なし	なし	なし	薄い・光沢あり
	標本B	多い	多い	主脈に沿って多い	薄い・光沢あり
	標本C	散生	散生	なし	薄い・光沢あり
遊佐町 (2015/06/23)	標本A	なし	なし	なし	厚い・光沢なし
能代市 (2015/06/23)	標本A	多い	なし	なし	厚い・光沢なし
	標本B	多い	なし	なし	厚い・光沢なし
弘前市 (2015/06/25)	標本A*	多い	散生	主脈に沿って多い	薄い・光沢あり

＊標本木は京都から移植したカスミザクラ。

若葉の色

　緑色の株が2株で、他の5株は茶色。一方、ヤマザクラの若葉にも緑色の株があり、若葉の色ではヤマザクラとカスミザクラを区別できない。ただし、ヤマザクラの濃赤茶色はない。

葉の毛など

　本栖湖と富士北麓の7株の内、小花柄と葉の表面が多毛、裏面の毛は散生のものが1株。葉の裏が無毛のものは3株。小花柄と葉の両面も多毛だが、開花途中ですべて無毛になるものが1株。小花柄の毛は散生、葉の両面無毛のものが1株。小花柄も葉の両面も無毛のものが1株。また、若葉の表面に粘性があって触れるとベタベタするものが5株。

成葉の形

　観察した50枚の葉の内36枚が倒卵状楕円形で、残り14枚が楕円形。カスミザクラ（c）の葉の鋸歯は大きく先端が尖っていて単鋸歯と重鋸歯が混じり、ヤマザクラ（a）やオオヤマザクラ（b）の鋸歯と違っている(図3)。

　また、5月から6月にかけて新潟県新発田市の櫛形山脈、山形県酒田市と遊佐町の海岸、秋田県能代市の風の松原、青森県弘前市の弘前城公園などでカスミザクラの成葉を観察しました。これらの場所と本栖湖の第2回目の観察を表6で示します。毛の有り様は多様で、カスミザクラの指標にはならないと思います。葉の裏面は、観

図3　葉の鋸歯の比較

a　ヤマザクラの鋸歯は小さい

b　オオヤマザクラの鋸歯はやや大きく炎の様に尖る。

c　カスミザクラの鋸歯はとても大きく鎌状に尖る。

察したすべての葉は淡緑色でした。また殆どの成葉の裏面には光沢があり葉質が薄いものでした。

開花時期がヤマザクラに比べて2週間ほど遅いという指摘には、問題があるように思います。ヤマザクラとカスミザクラが混生する場所でこのような現象が見られ、勝木は「八王子市のヤマザクラは四月上旬に開花するが、カスミザクラは二週間ほど遅れて開花する。一部の個体は開花時期が重なるものの、大部分は重ならないので、交雑して雑種を作らないようになっている。」と述べています。

*1-4-3 (勝木、2015)

筆者は2015年4月14日に富士山西麓の標高500mの地点で、2本のヤマザクラ巨木の開花を観察し、それから2週間後に標高900mの本栖湖畔で、満開のカスミザクラを目にしました。様々な樹木が芽吹いて湖畔の山肌は淡い緑に包まれています。この中でカスミザクラが、白いかたまりになって鮮やかに咲いていて、その風景は、落葉樹の二次林の新芽を背景に咲くヤマザクラと瓜二つです。4月中旬に標高500mにあった春が2週間をかけて標高400mを登り、本栖湖に到達した証拠が、カスミザクラの開花なのだと思いました。

ヤマザクラはソメイヨシノと同時に開花します。ヤマザクラは本州の太平洋側の暖温帯の常緑広葉樹林に多く分布しますが、富士山麓のサクラの分類に詳しい渡邊定元東京大学元教授は、富士山西麓の富士宮市内の暖温帯の標高500mの平坦な場所で植栽されたカスミザクラが、隣のソメイヨシノより1週間遅れて開花するのを観察しました。つまり、カスミザクラとヤマザクラの開花時期のずれは1週間であったのです。

一方、ヤマザクラに良く似たカスミザクラの開花の様子を、筆者は

葉の裏の様子の比較
2015年5月1日撮影。
a ヤマザクラは白っぽい
b オオヤマザクラは淡緑色
c カスミザクラ光沢があって白く光って見える

2015年4月23日に、富士宮市より300km北の日本海沿岸の冷温帯の落葉広葉樹林で目にしていました。その風景は、富士山麓のヤマザクラに良く似ています。つまり、カスミザクラとヤマザクラは、共に春の上昇した或る気温の元で開花し、その条件は同様であると思いたいのです。

　カスミザクラの分布図(図4)によると、北海道の大部分には分布地が少なく、北海道南部から本州に広く分布しています。また、四国と九州の分布もわずかです。筆者は暖温帯の分布に疑問を持っています。千葉県植物誌によると、房総丘陵南部に少ないとあります。関東の広い低地には分布せず、愛知県南部の広い低山地にも分布していません。伊豆半島と神奈川県ではブナ帯での分布が中心で、照葉樹林帯にはごく稀です。

*1-4-4
(河原他、2009)

*1-4-5
(河済、2003)

図4　カスミザクラの分布
北海道と九州に少なく本州北部に多いが、空白の場所も多く、関東以西の低地には知られていない。

2015年4月22日、長野県高山村のエドヒガンの花。下向きに開き、花托筒の基部が膨らむ。

④エドヒガン　■サクラ亜属　*Prunus spachiana*

✤ フラスコ形の花托筒、流線型の葉

　エドヒガンの特徴は、花托筒の下部が実験用ガラス器具のフラスコのように膨れていることです。膨れ方の強いものや弱いものなど様々です。また、花托筒、雌蕊、葉の裏に毛が多いことも特徴です。葉の形も特徴的です。全体に細長く、線状長楕円形で、葉先と基部の両方が細く尖っているのです。流線型のマグロやサバのような形です。他のサクラの葉に比べて明らかに細く、長さ7~10cm, 幅3~5cmで、側脈が13対もあります。花はヤマザクラと同じ頃に咲き、少し小型で直径1.5~2cm、淡紅色です。

2011年4月18日撮影。山高の神代桜。日本一のエドヒガンの巨木で、枝先が盛んに伸びている。

✽ 巨木になるサクラ

　図鑑によると、幹は高さ20m、径1m、ときに3m以上になるとあります。実際に日本一と言われる山梨県北杜市の「山高の神代桜」は、幹の根元周囲が11.8mあります。これを直径に直すと3.77mになります。樹齢約2000年、日本武尊命が東国遠征の際に植えたと伝えられる日本最古の桜と言われます。樹高20mの株は、長野県木祖村の「菅のエドヒガン」がそれです。エドヒガンの幹は根元近くから数本に分かれ、やや直立的に地面から大きな角度で斜め上に伸びます。強い立ち性(→p119)があるのです。

　朝鮮（済州島）に分布するとされ、韓国に分布するのは、確かです。図鑑によっては台湾、中国（中部）にも分布するとありますが、最近の中国の文献では、中国のものは栽培とあります。*1-4-7

*1-4-6
(趙、1989)

*1-4-7
(王、2014)

⑤ オオヤマザクラ ■サクラ亜属　*Prunus sargentii*

✾ うす紅色の大きな花

　図鑑によると、花弁の長さは15~17mm、花はヤマザクラより大きく、淡紅色、花は大型で径3.2~4cmあるとされています。筆者は、山形県小国町の株の花で径4.5cmもある花を記録しました。花色は淡紅色に違いないのですが、文字では表現できない鮮やかさがあります。

　オオヤマザクラの葉の毛はヤマザクラと同じです。葉裏の白さは、ヤマザクラにくらべとても弱いもので、「わずかに白っぽい」程度です。葉裏の表皮細胞のサイズはカスミザクラと同様です。

2015年4月25日撮影(上・下)。山形県小国市でのオオヤマザクラ。真っ白い残雪の向こうに輝くように開花している。花の直径は4cm近くもある。

✾ 本当に遅咲きか?

　図鑑によると、花期は5月です。標高800m~1,000m以上で5月に開花すると聞くと、遅咲きのサクラの種であると思いがちです。今年(2015年)は、サクラの開花が例年より早い年でしたが、筆者は新潟県阿賀町(標高約300m)、福島県下郷町(標高600m)、山形県小国町(標高約500m)で4月下旬に花を観察しました。驚いた

ことに、下郷町と小国町では雪の中に開花しているではありませんか。気温の点から考えれば、オオヤマザクラは最も早咲きのサクラというべきかもしれません。小国町では飯豊山の山懐の温泉、梅花皮（かいらぎ）荘さくら公園のソメイヨシノがやはり雪の中で咲き初めたばかりでした。一方で観察したオオヤマザクラは見事な満開です。ソメイヨシノよりは早咲きといえるかも知れません。

⑥ マメザクラ ■サクラ亜属 *Prunus incisa*

✤ 小型のサクラ

図鑑には樹高3~8m、径30cmになるとあります。和名は小型のサクラの意味です。別名をフジザクラといいます。白からうす紅色の小ぶりの花を下向きに咲かせます。図鑑によっては、subsp. *kinkiensis*（亜種 キンキマメザクラ；近畿地方に分布）、var. *tomentosa*（変種 ヤブザクラ；関東南部）、var. *bukoensis*（変種 ブコウマメザクラ；埼玉県武甲山）、var. *alpina*（変種 クモイザクラ；山梨県北岳）の4種類の種内分類群が記載されています。

*1-4-8
(牧野、1961)

✤ 「フジザクラ」は、どの分類群か？

フジザクラという別名には、困った内容が含まれています。学名で*Prunus incisa*と呼ぶ「種」は関東から中部、近畿に分布していますが、上記のように幾つかの種内分類群があって、それぞれに分布範囲が違っています。

2015年4月30日撮影。富士吉田市のマメザクラの花。下向きに咲いて直径2cm足らずで可憐。

フジザクラというと、厄介なことに富士山とその周辺の静岡県、山梨県、神奈川県と千葉県房総半島にだけ分布する狭い意味の植物も意味します。学名上の扱いとしては、狭い意味のフジザクラは基準変種var. *incisa*と表示されます。するとこの「種」は実際上、5種内分類群から成り立っているということになります。分類の問題としては、ほかにも、ヤブザクラとクモイザクラが種内分類群から除かれている文献もあります。
*1-4-9

*1-4-9
(Ohba, 2001)

✻ 系統進化の新説

日本列島は糸魚川〜静岡構造線、中央構造線などの大断層があるなど変化に富んだ構造をしており、植物にも様々な影響が見られます。日本列島を植物の分布的な特性によっていくつかに分ける考え方があり、図のような植物区系があります(図5)。フォッサマグナ地域は富士山から箱根、伊豆半島にかけての火山地帯で、ここで進化したと考えられる植物を「フォッサマグナ要素の植物」と呼びます。基準変種のフジザクラは、その中の一分類群と考えられています。
*1-4-10
*1-4-11

*1-4-10
(前川、1949)

*1-4-11
(高橋、1971)

図5　日本の植物地理的区分

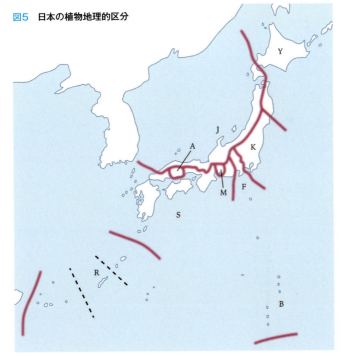

Y：えぞ—むつ地域
K：関東地域
J：日本海地域
F：フォッサマグナ地域
M：美濃—三河地域
A：阿哲(あてつ)地域
S：ソハヤキ地域
B：小笠原地域
R：琉球地域

*1-4-12
(大場, 2007)

*1-4-13
(渡邊, 1997)

*1-4-14
(堀田, 1974)

　フジザクラの祖先がフォッサマグナ地域でフジザクラと呼ばれる新分類群として産まれ、それが気候変動によって南下してキンキマメザクラが産まれたとする考えがあります。しかし、マメザクラの祖先のブコウマメザクラ(埼玉県武甲山)とイシヅチザクラ(四国山中)からキンキマメザクラが産まれ、それがフォッサマグナ地域に進出してフジザクラとなり、一部は高山に適応してクモイザクラとなった。高山に分布するミネザクラとチシマザクラも、フジザクラの仲間であるという新説が現れています。
*1-4-13
　中央構造線は関東から四国、九州までを貫く大断層で、その一部はフォッサマグナ地域の東側の秩父山地に残されており、ここに武甲山があります。植物の分布からは、秩父山地から太平洋沿岸に沿って西へ伸びる帯状の地域をソハヤキ地域と呼びます。この地域には特有の植物が分布していて、四国の山地も含まれるのです。
*1-4-14

⑦タカネザクラ　■サクラ亜属　*Prunus nipponica*

✤ **高山帯に咲くサクラ**

　本州中部以北の山地に生え別名をミネザクラともいいます。高山のサクラというイメージですが、本州では標高1,500mくらいが分布

1979年7月29日撮影のタカネザクラ。南アルプス大井川上流。花も葉も少し小振りで、ブナ帯～亜高山帯下部に分布。

の中心です。葉は倒卵形で縁に粗い鋸歯があります。雪解けの後、葉の展開と同時に直径2~3cmの白っぽい花を咲かせます。「山地に生える落葉小高木」との記載もありますが、1.5~7mですので、低木~小高木です。

⑧ チョウジザクラ　■サクラ亜属　*Prunus apetala*

❀ 丁の字形に咲くサクラ

花托筒と平開する花弁が丁の字に見えます。花托筒、葉に毛が多い小低木または小高木で、本州中央部と太平洋側に分布します。オクチョウジザクラ、ミヤマチョウジザクラなどの2変種があります。オクチョウジザクラは葉と花が少し大きく、花托筒と小花柄に毛が少なく、本州の日本海側の多雪地域に分布します(図6、次頁)。写真は新潟県新発田市のオクチョウジザクラです。葉と花が大きく、花托筒と小花柄に毛が少ないのは、日本海側の植物に見られる特徴だと思われます。またミヤマチョウジザクラは、長野県と岐阜県のチョウジザクラの分布圏に生育し、花弁の長さがチョウジザクラより長く、萼片に鋸歯があります。チョウジザクラは図鑑などで「萼筒は長い筒状」とされていますが、花托筒の基部は膨らむことがあります。このような形はエドヒガンの花托筒を思わせます。

新潟県オクチョウジザクラ、2015年4月15日撮影。新発田市。写真の花は横向きに開花したもの。花の直径は2cmくらい。

図6
チョウジザクラと その変種の分布
地域的に分布に差があることがわかる。
(久保田、1982)

- ● チョウジザクラ
- ● オクチョウジザクラ
- ▲ ミヤマチョウジザクラ

⑨ミヤマザクラ ■サクラ亜属 *Prunus maximowiczii*

✽ 若葉のなかに開く花

　図鑑によっては「深山に生える」「温帯〜亜寒帯に広く分布する」とされていますが、本当のところはまだ良く分っていないと思います。高さ10m、胸高直径30〜40cmとされています。若葉がすっかり展開してから、花が咲きます。

　ミヤマザクラは、総状花序(→p77)の下部に果期まで残る多数の苞葉が互生し、その上部に総状の枝を出します。また花弁は白色で、先端の凹みがありません。さらに核の表面に隆紋状の皺があります。これらの特徴から狭義のサクラ属の中でミヤマザクラが原始的と推定されるという記述がありますが、セイヨウミザクラの花弁の先は凹まず、ソメイヨシノ、カンヒザクラの核の横腹にも幾つかの隆起した模様がありますので、筆者はこの記述を根拠とするのは難しいと考えます。

*1-4-15
(大場、2007)

2012年6月6日撮影。富士山のミヤマザクラ。白い花が総状花序を作る。

⑩ エゾノウワミズザクラ　■エゾノウワミズザクラ亜属　*Prunus padus*

❋ 北国のサクラ

　主に北海道の湿った場所や川沿いに分布し、20〜40の白い花を総状につけます。花弁には凹みがなく丸い形で、花弁より短い雄蕊が多数あります。高さ10〜15mで、樹皮が紫がかった茶色です。

❋ 文献から学ぶ分布の問題点

　残念ながら筆者は栽培の若木の株しか観察していません。それで文献に頼って分布の問題について少し述べます。日本の図鑑では「アジアの北東部からヨーロッパの温帯から亜寒帯にかけて広く分布する」とあります。しかしロシアの文献では「ヨーロッパから東、エニセイ河までに分布する」とあり、「日本を含めた極東のものは*Prunus maakii*である」との見解です。そして、中国では「北西端の新疆にのみエゾノウワミズザクラがあり、北東部のものは*Prunus maakii*（中国名：斑葉稠李）である」としています。

　中国の図鑑の絵をみると、*Prunus maakii*の花の作りは雄蕊が花弁より長く、エゾノウワミズザクラとは違うようです。一方、ヨーロッパの図鑑の絵は、雄蕊が明らかに花弁より短い特徴が示されていて、エゾノウワミズザクラであることが分ります。

　とすると、エゾノウワミズザクラはヨーロッパと日本で隔離分布するのか、図鑑では、北海道の山地に自生するとあるけれども、あるい

*1-4-16 (Poyarkova, 1941)

*1-4-17 (谷粋芝, 2003)

*1-4-18 (Blamey & Grey-Wison, 1989)

はヨーロッパからアメリカに帰化したのと同様に日本のものは帰化植物なのではという疑いも生まれます。樹高についても、日本では15mほどの落葉高木とされていますが、ヨーロッパでは地域によって3mほどの灌木から17mの高木まで、様々です。複数の文献にあたってよく考えてみると、そこから興味も問題も出てきます。面白いものです。

⑪ イヌザクラ　■エゾノウワミズザクラ亜属　*Prunus buergeriana*

❋ サクラに見えないサクラ

　葉が出たあとに、たくさんの白い小さな花を総状につけます。花弁は凹まず丸い形で、花弁より長い雄蕊が多数つきます。一見サクラの仲間に見えないので「イヌザクラ」と名がついています。核果になったのちまで萼片が残るのも特徴の一つです。

❋ 巨木百選のイヌザクラ

　図鑑では樹高10mになるとありますが、筆者がたずねた東京都府中市の浅間山公園のイヌザクラの樹高は22m、幹の周囲5.9mと言われ、府中の巨木百選に選ばれています。実際にはこの株の幹は直径（胸の高さの直径で示す）が25cm〜60cmある10本に分かれています。大きく開いた枝張りは南北約20mあります。薪炭林の中の一本として伐採された為に、切り株から萌芽した枝が10本の幹に育ったものでしょう。

イヌザクラの実。2015年6月18日、府中で撮影。核果に萼片が残る。核果は熟すと赤色から黒色に変わる。

府中市にはもっと大きな株がありましたが、現在は衰弱しています。浅間山公園の雑木林は樹木の生育が旺盛で、いわば盛りの林です。周囲のコナラなどの樹木も同じくらいの樹高です。イヌザクラは樹高20mを超える高木と分ります。

イヌザクラの花序は、枝の途中から出る。葉が光って、白い花が穂になって咲き、サクラとは思えない。

2015年6月18日撮影。府中市の株立ちのイヌザクラ。株の直径は25〜60cmある。

ウワミズザクラ、2015年4月17日撮影。奈良県吉野山。花の白い穂は各地の山に普通に見られる。

⑫ **ウワミズザクラ** ■エゾノウワミズザクラ亜属　*Prunus grayana*

❀ ブラシのように咲くサクラ

　小さな白い花を総状につけます。花弁より長い雄蕊がよく目立ち、花序全体がブラシのように見えます。未熟な青い実を塩漬けにしたものを杏仁子といい、新潟県では苦い味と香りを楽しむものとして利用されています。樹高20m、直径60cmになります。私が観察したところでは、花穂（花序の花がついている部分）は長さ6～10cm、花序の葉は3～5枚で、葉の長さは枝の葉よりやや短く、長さ3～6cmです。葉は薄く、上面は無毛、下面は無毛の葉と長さ0.2mm位の毛が生えるものがあります。蜜腺は葉の基部に2個ありますが、はっきりしない葉もあります。枝葉に悪臭があります。

＊1-4-19
（林、1969）

⑬ **シウリザクラ** ■エゾノウワミズザクラ亜属　*Prunus ssiori*

❀ 奥日光の名花

　北海道と東北北部に多く分布します。和名はアイヌ語の苦いという意味です。本州では、奥日光やその周辺の山地帯上部から亜高山帯にかけて生育します。このサクラには著しい根萌芽が知られています。私は奥日光で観察できるのではないかと考え、問い合わせ、6月に奥日光の湯元温泉で満開との連絡を得ることができました。早速出掛けると、温泉街のバス駐車場の周りを囲むようにして樹高

＊1-4-20
（河原他、2009）

＊1-4-21
（小川、2009）

　20mを超えると思われるシウリザクラが何本も満開の花を咲かせているのに出会いました。
　花序の葉は3~4枚,花序は長く19~20cmでした。花穂の長さ10~14cm、幅3cm、花は白色で直径1~1.5cm、芳香があります。この花穂が樹高20mを超える縦に長い楕円体や球形の樹冠一杯に並んでいる様子は壮観です。花托筒はやや深めの椀のようで、直径4mm、深さ3mmで、内部に白毛が密生し、花托筒の内壁は黄緑色で蜜が多くあります。萼片は半円形で縁に細い棒状突起が並んでいます。雄蕊と雌蕊は長さ4~5mm位で、雄蕊は26~33個。花弁は卵円形で長さ4.5~5.0mm、幅4mm位で、先端が鋸歯状で丸いか、または凹んでいます。

2015年6月5日撮影。日光湯元のシウリザクラ。日光の湯本温泉には見事な巨木が沢山ある。

2008年9月11日撮影。バクチノキ。葉は常緑の葉で、花は秋に咲く。幹の樹皮（外樹皮）がはがれて赤橙色となる。

葉は長楕円形で先端が急に尖り、基部は心形で、上面は濃緑色です。下面は淡緑色で脈腋に金色の毛が生えています。この毛はサクラ属に共通のダニ室(→p106)の一形だと思います。葉柄の上部には1~2個の蜜腺がありますが、無いこともあります。

⑭ バクチノキ　■バクチノキ亜属　*Prunus zippeliana*

❋ まだらにはげ落ちる樹皮

　図鑑などで「常緑高木で、高さ15m、径1mになる。幹は平滑で外皮が鱗状にはげて、その跡が特異なまだら状になる」とあります。成木の樹皮が斑状にはげ落ちて、人間の素肌のような色が現れるのを、博打で負けて身ぐるみはがされた人に見立ててついた和名です。9～10月に、6mmほどの白い小さな花を総状につけます。

　葉は鋭先頭、葉縁が葉の先端に向かって約20度の角度で三角形の二辺のように広がり、急に40度の鋭角で切れ込み、鋸の山となります。山の高さは1mm、山と山の間隔は1cmです。この山の先は三角形の腺となります。葉の質は厚く、測ってみると、0.2~0.3mmもありました。葉は鋸歯も含めて、細い淡緑色半透明の膜のようなもので縁取られています。葉柄には蜜腺があります。托葉は線形、鋭先端で長さ4mm、基部の幅1mm、全縁で向軸面(表面)基部にあるわずかな毛は、早落します。

　分布は本州(関東以西)～四国を含めて琉球とするのが一般的で、図鑑によっては台湾や朝鮮(済州島)が挙げられています。朝鮮については、最近発行された『原色韓国樹木図鑑』には記載がなく、また、中国には揚子江流域に広く分布し、樹高25mに達するとあります。

*1-4-22
(趙, 1989)

*1-4-23
(缶・谷, 2003)

⑮ リンボク　■バクチノキ亜属　*Prunus spinulosa*

❋ 若木の葉はヒイラギに似る

　山中の湿地に普通の常緑小高木とされています。9月～10月に、5mmほどの小さな白い花を多数、総状に咲かせます。分布の記述にはばらつきがあり、「日本固有で、本州(茨城県、福井県以西)、四国、九州、琉球に分布」とするもの、他に「台湾にも分布する」という記述もあります。現在の中国の知見では、台湾には分布せず、

*1-4-24
(缶・谷, 2003)

2012年9月17日撮影、リンボクの花序(上)。2015年11月12日撮影、リンボクの実(下)。バクチノキ同様、常緑で秋咲き。果実は翌年の初夏に熟す。

揚子江流域に広く分布し、フィリピンにもあるとのことです。

筆者の観察では、葉は先に向かって尖っていますが、その先端は鈍端です。鋸歯は、葉縁全体にある葉、上部に疎らにある葉、全縁の葉など多様です。若い木の葉の鋸歯はヒイラギのように鋭いのですが、成長につれて目立たなくなります。成木の葉の鋸歯は、葉縁全体にあるもの、まばらに上部あるもの、全縁など多様ですが、古木になると全縁になるようです。葉の縁にはバクチノキと同様な半透明の部分があります。蜜腺は長さ1mmの楕円形で葉の裏面基部の葉縁にあり、わずかに盛り上がる程度であまり目立ちません。葉は両面無毛です。

托葉は葉が展開する若い時期の葉腋にあり、長さ4mm、幅0.6mmの線形です。向軸面(表面)に長さ0.2mmの毛が散生し、縁には細鋸歯があります。

5　海外のサクラの仲間

①多彩な姿・ヒマラヤザクラ　*Prunus cerasoides*

　ヒマラヤザクラはヒマラヤの山地から中国雲南省、タイの北部にかけて分布し、12月から2月にかけて開花します。ネパールのカトマンズ付近では11月上旬に開花、私はタイ国北部のドイ・インタノン山で12月〜2月に、中国雲南省西部の徳宏州で12月に開花するのを観察しました。
＊1-5-1
＊1-5-2

＊1-5-1
(大場他、2007)

＊1-5-2
(Konta & Wang, 1998)

1998年2月4日撮影。タイ北部のヒマラヤザクラ。花弁はやや濃い桃色で、花色には変化が大きい。

1997年12月20日撮影。中国雲南省西部の自然林に点々と花をつけたヒマラヤザクラ。花の色には変化がある。

2015年1月24日撮影。タイの北部ドイ・インタノン国立公園で自生するヒマラヤザクラの株。日本の春のような気候。

花は直径2cmほどで下を向いて咲き、花弁は平開し、やや濃いピンク色、淡いピンク色、ほとんど白色と言って良い色など様々です。花托筒は太く釣鐘型で、外側に粟粒のような袋状突起がたくさんあります。樹高は10m近くあり、枝は斜め上に向かって伸びます。私はタイの北部で、山林の中に点々と開花する様子や、道路沿いや公園に植えられているのを数多く観察しました。また雲南では、常緑広葉樹林の中で点々と開花する様子や、直径40mにもなる赤茶色の幹の、根元付近から萌芽する様子を観察しました。枝いっぱいに花が咲いている様子は日本の桜と変わらないように感じました。

ヒマラヤザクラはまだ良くは理解されていないのでは無いかと思います。日本では、ヒマラヤザクラの仲間としてヒマラヤヒザクラ*Prunus carmesina*を区別しますが、中国の研究者には、この二つを同種とし、母変種である*Prunus cerasoides* var. *cerasoides*と、変種のヒマラヤヒザクラvar. *rubea*（中国名、西府海棠）とする意見もあります。また厄介なのは、分類群が正体不明で、学名を*Prunus*（*Cerasus*）*majestica*といいます。今引用した昆明植物研究所の見解では、この植物はヒマラヤザクラの異名（別名）です。しかし、呉征鎰同研究所所長はトウオウカ（冬櫻花）の名前で独立した種と認めています。

*1-5-3
（大場他、2007）

*1-5-4
（中国科学院昆明植物研究所、2006）

*1-5-5
（呉征鎰、1986）

2014年3月19日撮影のカンヒザクラ。下向きに咲く花は濃桃色の半開きの花弁を持っている。静岡県藤枝市。

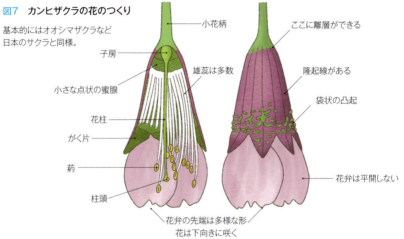

図7 カンヒザクラの花のつくり

基本的にはオオシマザクラなど日本のサクラと同様。

②ヒマラヤザクラの直系・カンヒザクラ　*Prunus campanulata*

　カンヒザクラは、中国大陸と台湾の原産です。カンヒザクラは寒緋桜と書きますが、別名をヒカンザクラ（緋寒桜）ともいい、冬または早春に咲き、葉に先立って緋色（濃桃色）の花を咲かせます。沖縄県では1月に開花し、花見といえばカンヒザクラの花見のことです。しかし、花の下で酒宴を開くという九州以北のような花見の伝統はありません。東京を含む関東以西で良く栽培され、多くは3月に開花する種です。沖縄県の久米島や石垣島では2月に開花します。野生状態の株があり、自生ではないかとも考えられています。

　カンヒザクラの花は、ヒマラヤザクラと似ています。カンヒザクラの

花は、ヒマラヤザクラの花と同じく下を向いて咲きますが、花弁が平開せずに半開きになります。東京や静岡で開花する様子を観察すると、開花のはじめでは、花托筒は先端が開いた釣鐘形で長さは1.5cm、外側は紅紫色で、縦に隆起する10本の筋があり、上部に不規則な形の袋状の膨らみがあります。花弁の基部には離層を示す線は見られません。花托筒の内部は蜜で満たされています。花托筒の上側から多くの雄蕊が伸びています。萼片は三角形で長さは花托筒の1/5くらい、縁に鋸歯はありません。花弁は花托筒より少し短く長さ1.2cm、卵円形で先端が凹むものもありますが、凹まないものもあり、基部は小さな爪形をしています。散り際の花では、花弁は大きくなり長さ2.0cm、花托筒より長く、やや長い卵円形をしています。葯は花粉を飛ばして空になり、雌蕊の先の柱頭は萎れて小さくなり、やがて、花柱の基部で花柱の上部が取れて落下します。多くの花では、花托筒の基部に離層ができて、ここから花宅筒が落下します（図7、前頁）。しかし、花弁を散らす花も少数見られます。

③古く日本に渡来したニワウメ　*Prunus japonica*

　高さ1.5mになる低木です。中国の原産で、日本へ古く渡来して庭に植えられます。4月に、径1.5cmほどの小さい桃色〜白色の花が咲きます。果実は径1cmhほどの球形ですが、果柄が短く、サクランボのように長くはありません。果実は夏に赤く熟し食べられます。似たような低木で果実も似た、ユスラウメも昔、中国から日本に渡来しました。また、天山にも低木のテンザンザクラがあります。

2015年3月22日撮影。ニワウメの花。小枝に小さな花が集まって咲き、サクラの仲間らしくない仲間。皇居東御苑。

2014年4月24日撮影。テンザンザクラ。高さ1mほどの小低木で中央アジアの天山に群生する。花はサクラと変わらない。カザフスタンのアクスー・ザバグリ自然保護区。

④中国横断山脈の原産・ウメ　*Prunus mume*

　原産地は長江流域の四川省や湖北省と言われています。しかし、原産地の環境は開発で変わり、長い栽培の歴史で原生地自体も分らなくなったようです。横断山脈はヒマラヤの東部に東西に伸びる険阻な山脈で、長江、メコン河、イラワジ河が大峡谷を刻んで並走しています。この峡谷から最近になって野生のウメが見いだされています。
*1-5-6

　私もこれらの峡谷を訪れました。深い峡谷が人を圧倒します。ウメは高さ10mになる高木ですが、太い幹は地際から分れ、その大枝から無数の小枝が上に伸びて灌木状になります。この樹形は峡谷に生きるウメの姿を語っています。洪水時に水中に没した細枝は失われ、峡谷を渡る強風で、吹き飛ばされます。それに耐えて、細枝は回復する性質があります。小枝は剪定しないと茂り過ぎます。ウメの枝を切らぬ馬鹿とはこのことを言ったのです。

　花は早春に咲きますが、大峡谷の底は気候温暖で、奥地まで暖

*1-5-6
(梅田、2009)

1999年2月撮影。ウメは、太い幹と枝から沢山の小枝が垂直に伸びて無数の花をつける。花色は様々で、白梅と紅梅はめでたい色として喜ばれる。花の柄がごく短いのが特徴。

地の植物が生育するのです。夏の降雨量が多く、ウメはモモやアンズと違って高温多湿の環境で生きる樹木です。日本の環境にピッタリの樹木なのです。また、長生きな樹木でもあります。

⑤ 中国黄河上流の原産・モモ　*Prunus persica*

　学名の*persica*は「ペルシャの」という意味です。1753年に学名をつけたスウェーデンの大学者リンネ(→p11)は、モモはペルシャの原産と考えたようです。実際には、中国の黄河上流の標高1,200m～2,000mの高原地帯原産です。年間を通して乾燥し、年降雨量は400～600mmで砂漠に近く、夏に雨が多くなり、気温が20℃を

2015年4月2日撮影。モモは、ウメに似た樹形とより大きな桃色の花をつける。果樹園では幹と幹の根元から伸びる枝の2本を基本にV字状に樹形を整える。山梨県笛吹市。

越えます。しかし、冬の寒さは厳しく-4〜-8℃くらいで、シベリア寒気団の通り道です。高さ8mになる小高木ですが、モモには灌木的な性質があり、このような環境では、幹の上の枝より下の枝が良く伸びる性質や、夏の強い日射しに枝が火傷して樹皮が割れる性質があります。水が苦手で水分が多すぎると枯れます。あまり長生きしません。モモはシルクロードで西方に伝わり、東に伝えられましたが、日本には有史以前に伝わったようです。春に長い枝にたくさんの花が並んで咲きます。小花柄は短く、花は直径4cmほどで、桃色です。果実は夏に熟します。野生の果実は球形で直径3cmほどですが、果樹として栽培されるモモはもっと大きくなります。果実の表面には普通小さな毛が密生しています。

2015年4月2日撮影。果樹として栽培するアーモンドの園芸品種はモモに似た大きな花を持つ（上左）。
2015年7月13日撮影。果実は堅く、割れて核が地面に落ちる。核の中の種子が食用になる（右上、左下）。
2014年4月24日撮影。野生種は中央アジアに多く、低木で花は小振りで直径1.5cm（右下）。カザフスタンにて。

⑥故郷は中央アジア　アーモンド　*Prunus amygdalus*

　アーモンドの仲間は、西アジアから中央アジアの乾燥地にかけて15種ほど分布しています。夏に乾燥する温暖な気候に生育します。高さ6mになる小高木または灌木で、園芸品種として栽培されているものは、モモに良く似た直径4～5cmの桃色の大きな花が咲きます。花は春3～4月（日本では4月上旬）、果実は7～8月に熟します。果実は先が尖った卵型か長楕円形、扁平で淡緑色、表面に短い白色の毛が密生しています。果肉は堅く、厚いところで約1cmくらいです。核は果肉より堅くて、厚さ約4mm、腹には3本の隆起線があり、脇腹には縦に数本の隆起畝があります。果実は熟すと、乾燥して割れて核ごと種子が落ちます（私が観察した果実では、完全に熟す前に核の腹側の縫合線に割れ目ができて、白い種子が見えました）。種子は扁平で先の尖った長楕円形、長さ1.5cm、幅1.3mm程です。表面には6～7本の筋があります。
　有史前に南ヨーロッパや北アフリカに伝わり、現在は地中海沿岸とアメリカのカリフォルニアが主な産地です。日本へはカリフォルニア産

が多く輸入されています。輸入した種子を油で揚げ、塩と調味料、植物油で味つけをし、ピーナッツのように包装して出荷します。中国では扁桃または巴旦杏といいます。

　筆者は、野生のアーモンド（*Prunus spinosissima*）をカザフスタンの天山西部で見ました。高さ1.5m位の灌木で、4月に花が咲きます。花は白色に近い桃色で、直径1.5cm位、可憐な感じがしました。7月に中国の天山北部では、果実を見ました。核果は扁平、卵円形で長さ2cm足らずで小さく、黄白色の長い毛が密に生えていました。

2015年4月2日撮影。花をつけるスモモ。日本一の産地は山梨県で果樹園から富士山が望める。樹形はモモに準じてV字状に整える。花は純白で、果実には毛がない。

⑦中国から伝わったスモモ　*Prunus salicina*

　スモモの仲間は、アジア、ヨーロッパ、北アメリカに約30種が分布し、灌木から小高木まで多様です。中国長江流域を原生地とする仲間をスモモ（別名ニホンスモモ）と呼びます。中国名は「李」で、若い果実の酸味から酢桃とも言います。スモモはウメと同様に温暖

＊1-5-7
（吉田、2013）

湿潤な気候に適応した樹木です。ヨーロッパでは、ドメスチカスモモ（*Prunus domestica*）など数種が栽培され、プルーンと呼ばれる仲間があります。アメリカにも7種ほど分布し、生食と台木として利用されます。＊1-5-7

スモモの果実は無毛で、毛の多いモモやアンズと大きく違っているように見えます。しかしスモモを母親とし、モモとアンズを父親とする雑種を作ることが出来ます。本当に、スモモもモモもモモのうちです。また、最近スモモとウメの雑種が1993〜2006年の研究に基づいて、園芸品種'露茜'として「農業・食品産業技術総合研究所、果樹研究所」から発表されました（ウエブ）。

スモモの花は4月に咲いて、白色で直径1.5〜2.0cm、やや小ぶりです。果実は夏に熟します。果実は球形〜卵形〜楕円形などで、大きさは品種によって径2〜5cmと様々です。多分、野生の果実は小さいでしょう。

⑧アジア西部〜ヨーロッパの原産　オウトウ　*Prunus avium*

原産地はカスピ海東岸のコーカサス地方らしいです。古くからヨーロッパで栽培されてきました。幹は上に向かって早く伸びる性質があ

2015年4月2日撮影のオウトウの花。白い花のサクラといった感じ。

り、野生種は高さ35mにもなります。花は4月、モモより少し遅く、直径2.5~3cmほどの白い花が咲きます。日本のオオシマザクラの花弁と違って先端がはっきりとは凹みません。サクラの仲間は開花してから果実が実るまでの日数が短いのですが、サクランボは果実ができてから、早生種では40日で成熟します。多くの品種は初夏6月に熟します。和名の別名をミザクラ、セイヨウミザクラといいます。

⑨櫻桃とは中国産シナミザクラの名前　*Prunus pseudocerasus*

シナミザクラは中国の揚子江流域から東北部にかけて分布していて、多くの園芸品種があります。勿論サクランボは食用となります。中国で櫻桃とよぶのはこの植物のサクランボです。セイヨウミザクラのオウトウより少し小振りです。最近は日本でも暖地オウトウといって暖かい地方で栽培されています。花は白く、サクランボは赤く熟します。種子は薬用になり、葉は殺虫に用いられ蛇に咬まれた傷の治療に使われます。

1996年4月撮影。オウトウに良く似た白い花をつける、シナミザクラ。サクランボはオウトウより小振り。

6 サクラの園芸品種

①日本の代表的な園芸品種　ソメイヨシノ

Prunus×yedoensis 'Yedoensis'

❀ ソメイヨシノの生い立ち

ソメイヨシノ（染井吉野）は、日本で一番多く植えられている園芸品種です。

花が大きく、きれいな桃色で、早咲きで、葉が出る前に一斉に開花するのが特徴です。樹高は10m以下で、枝が大きく開いて、見事です。

本によって「オオシマザクラとエドヒガンの雑種で、伊豆半島で江戸時代にできたもの。江戸末期から観賞用に売りだされた」とされたり、「オオシマザクラとエドヒガンの間に生じた雑種起原の園芸品種。明治初期に東京の染井村（現在の東京都豊島区）の植木屋が売り出したといわれている。名は1900年に藤野寄命によってつけられた」とされたりします。

*1-6-1 (相場、2010)

ソメイヨシノの学術上の初見は藤野寄命による「上野公園櫻花ノ種類」という報告です。後年（大正9年／1920）、「園芸の友」に次のような主旨の原稿を寄せています。

「染井吉野の名前は私が明治18年（1885）から2年間、上野公園の櫻を調査した折につけた名前である。調査の内容を植物学雑誌に発表したいと準備したが採用されなかった。明治33年（1900）に「日本園芸会雑誌」92号に報告した。この櫻の発見は故田中芳男先生の卓見によるものである。私は73才の老人なので生きている内にこの事を世人に告げる」。

*1-6-2 (藤野、1900)

また報告書では「上野公園に植栽するさくらには3種あって、エドヒガン、ヤマザクラ、ソメイヨシノである。ソメイヨシノは前2種いずれかの変種なのか、独立種なのか私には解らない」とあります。学名は明治34年（1991）に東京大学の松村任三教授によって、*Prunus yedoensis* と付けられました。後に、雑種であるという見解が認められると、国際植物命名規約の規定によって、雑種である×の印が種小名の前につけられ *Prunus* ×*yedoensis* となり、さらに国際栽培

植物命名規約の規定で、*Prunus* × *yedoensis* 'Someiyoshino' となりました。

ソメイヨシノの起原についての説は、主に4つあります。①染井村で人が作った。②伊豆半島や房総半島に自生がある。③韓国の済州島の原産である。④エドヒガンとオオシマザクラの雑種である。雑種説はサクラを研究したウイルソンでした。これを受けて遺伝学者の竹中要博士は、オオシマザクラとエドヒガンの雑種を作り得た4株はソメイヨシノと同じ姿形のもので、ソメイヨシノは両親がある伊豆半島であるとしました。これが現在の定説といえるでしょう。

2007年4月8日撮影。ソメイヨシノのトンネルを抜けて帰宅する、始業式を終えた子どもたち。春の一番良い日に、満開の花の白い花びらが輝いている。

＊1-6-3
（相場、2010）

❀ **ソメイヨシノと両親の花を比べる**

図8（次頁）はソメイヨシノと両親の花を比べたものです。左はエドヒガンです。花は少し遅咲きで、小さく、桃色です。花を支えている筒状の花托筒は下がプックリとふくれています。花托筒と雌蕊に

図8 ソメイヨシノと両親

ソメイヨシノの花は、花托筒の形と毛の有無、花色、花柱の毛の有無に両親の影響が見られ、雑種であることがわかる。ソメイヨシノの花托筒の基部はエドヒガンに似て、少し膨れ、花柱と共に毛が生える。

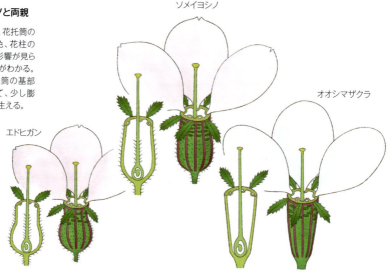

は毛がいっぱい生えています。樹木はとても高く、高さ20mにもなります。右はオオシマザクラです。花は早咲きで、大きく、白色です。花托筒は長く下の方が細くなっています。花托筒にも雌蕊にも毛はありません。樹木は高くならず、10mくらいです。中央が雑種のソメイヨシノです。両親の中間の花の作りです。花は早咲き、花弁が大きく、少し桃色です。樹木はあまり高くならず、高さ8mくらいです。お花見にちょうどよい高さでしょうか。花托筒は下の方が少し膨らんで、全体に両親の中間の形です。毛の様子も両親の中間です。

❋ ソメイヨシノのDNA解析

筆者は上記の藤野寄命の報告に疑問を持ちました。彼が調査した上野のソメイヨシノが何本であったかが分らないのです。多数のソメイヨシノがあって、その中にクローンでは無い個体が混ざっていた可能性はないでしょうか。気になる記述もあります。「岩崎文雄が上野公園で調査した結果では、花期の違うものや、花の色が異なるものなど、いくつかの系統が存在することがわかっている」という一文です。岩崎文雄元筑波大学教授は、最近ソメイヨシノは染井村でつくられたという説を発表したので、上の調査は現在の調査ということになります。上野公園のソメイヨシノが多系統とすると、ソメイヨシノはクローンでは無いことになります。

*1-6-4
(川崎, 1993)

*1-6-5
(岩崎, 1991)

しかし最近のDNA解析の研究によれば、「従前から単一であると言われていた'ソメイヨシノ'では、各地から収集されたものが同一のDNAパターンを示し、そのことが再確認された」そうです。また、エドヒガンが50％、オオシマザクラが40％、ヤマザクラとその他の野生種が、わずかづつ関与しているそうです。*1-6-6

また別のDNA解析の研究では、「ソメイヨシノは、エドヒガン系のコマツオトメという園芸品種に近縁の園芸品種を母親とし、オオシマザクラ（多分園芸品種？）との交配によって生じた」といいます。*1-6-7

ソメイヨシノの起原はまだ分らない状態のようです。

*1-6-6
(森林綜合研究所多摩森林科学園、2013)

*1-6-7
(Nakamura et al., 2014)

❋ ソメイヨシノには実ができないか？

ソメイヨシノは雑種だから果実はできない、と長い間信じられてきました。雑種ですから、普通は接ぎ木によって繁殖させますので、日本中のソメイヨシノはすべてクローン植物で、種子ができないはずです。しかし最近では、ソメイヨシノにも立派な果実と種子ができることが分ってきました。

ソメイヨシノばかりでなく、サクラの仲間は同じ花の花粉と雌蕊では受粉ができません。しかし、別の種類（品種）の花粉が運ばれてくると、果実と種子ができるのです。*1-6-8 その種子を蒔くと、ソメイヨシノに似ているけれど、違ったサクラが生えてきます。雑種にはそのような性質があります。

筆者は、2012年の6月に、東京都江東区の永代通りに近い大横川の土手のソメイヨシノの並木からサクランボを採り、また静岡県焼津市内の並木からも採取することができました。どちらのサクランボも正常で立派な種子が入っていました。

*1-6-8
ひとつの花の花粉が同じ花に受粉しても、花粉は柱頭で死んでしまい、受精に至らない。これを「自家不和合性」という。

2012年6月6日撮影。ソメイヨシノのサクランボ。緑色〜オレンジ色〜赤色〜黒色と変化して黒色に熟す。

❋ 枝変わり

　雑種の問題とは別に、ソメイヨシノには妖しい性質があります。それは、「枝変わり」と呼ばれるものです。植物分類学者として高名な牧野富太郎博士(→p14)は、神奈川県の大磯でソメイヨシノの「枝変わり」で、他とは違う色の濃い花をつけた枝を見つけ出しました。この「枝変わり」は遺伝的性質さえ変化した、一種の突然変異によって起こるものです。「枝変わり」したシュートを、親株から切り離して育てれば遺伝的に新しい園芸品種ができるはずです。

*1-6-9
(川崎、1993)

②日本とヒマラヤの桜を繋ぐカワヅザクラ

Prunus × *kanzakura* 'Kawazu-zakura'

❋ 全国に春を告げる

　カワヅザクラは最近売り出しの人気の桜です。伊豆半島の東南に位置する河津町を流れる河津川の土手に二月中旬に見事な濃い桃色の大きな花を枝一杯に咲かせる並木は、多くの人々が待ち望む春の訪れの一番目として喧伝されているのです。河津川は天城山から東南に流れ、途中伊豆の踊り子で知られる湯ケ野温泉を通る川で、河口近くから眺める土手の菜の花の黄色い帯、桜の桃色の帯は、天城山や青空と一体になって本当に春の先駆けを知らせてくれます。開花した様子はTVで全国に紹介され、100万人もの花見客が押し寄せます。

　カワヅザクラが発見されたのは、最近のことです。原木は、樹齢約50年、樹高10m、幹の直径40cm で、伊豆急行の河津駅に近い民家の庭で栽培されています。昭和30年2月に同町の飯田勝美さんが冬枯れの雑草の中で芽吹いている高さ1mの幼木を見つけたものです。現在河津町では8,000本のカワヅザクラが植えられていますが、いずれも未だ若木で、この桜の新しさを示しています。

❋ カンヒザクラとオオシマザクラの自然雑種

　カワヅザクラは、カンヒザクラとオオシマザクラの自然雑種と言われています。両種の特徴が見事に融合されているようなサクラで、その意味で「日本とヒマラヤのサクラ属を繋ぐ」新たな存在ではないかと筆者は考えています。

　片親であるカンヒザクラは、次のような特徴があります。「台湾と中国

2004年2月撮影。桜まつり期間中には、河津駅から3.5kmの道沿いが桜一色となる。ひと月で100万人もの観光客が訪れるという。

東部に分布し、日本の他のサクラとは形態的にも違う。花は葉が出る前に、下を向いて咲き、花弁は普通平開しない。花弁は先端に切れ込みがあり濃紅紫色のものが多いが、淡紅紫色や白色のものもある。花が散る時には花弁が散ることは無く、花托筒に花弁と雄蕊がついた状態で落ちる」。

　一方の親であるオオシマザクラは、次のような特徴があります。「伊豆諸島と伊豆半島の特産。花は普通、葉が出てから開く。花弁は平開し、白色が多く、2月下旬〜4月中旬に開花。花が散る時には花びらが落下する」。

　オオシマザクラを含む日本のサクラは、図鑑では「花が下を向く」とは書かれていません。花弁は皆平開です。花弁は先端に切れ込みがあり、桃色のものが多いですが白色のものもあります。花托筒は鐘型（オオシマザクラ、ヤマザクラ）、フラスコ型（エドヒガン）、コップ型（ミヤマザクラ）など様々です。長さは7〜9mm（オオシマザクラ）です。花が散る時には、花弁が散ります。

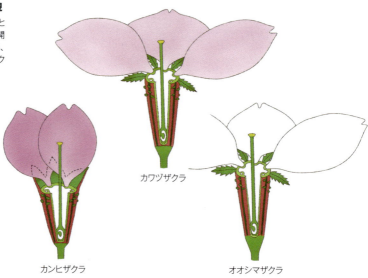

図9　カワヅザクラと両親
カワヅザクラは、花托筒の形と鋸歯のある萼片、花弁が平開する様子がオオシマザクラ、濃い桃色の花色がカンヒザクラの特徴を受け継いでいる。

❋ カンヒザクラのサクラと日本のサクラの比較

　以上をまとめると、ヒマラヤ系のカンヒザクラと日本産のサクラでは、以下の点で違います。

❶花の向き　❷花弁の開き具合　❸濃紅紫色の花があるかどうか　❹開花期はいつか　❺花托筒の長さは9mmあるかどうか　❻花托筒に多量の蜜があるかどうか　❼花托筒共散るか、花弁だけが散るか。これだけ、多くの違いがあると、日本産のサクラをヒマラヤ系のサクラと結びつけるのは、難しいように思われます。

　しかし、良く観察すると、これらの違いはサクラ属の中で起きる変異としては大きな分類学的な差異を示すものではないと考えられます。

　❶花の向きは、日本産のオオシマザクラや園芸品種のソメイヨシノでも、基本的に下向きです。❷カンヒザクラにも花弁が平開するものがあります。カンヒザクラは変異の大きい種で、台湾の山地の野生株を多く調査した川崎哲也先生から、花の形や色も非常に様々であると伺いました。❸カンヒザクラの花は濃紅紫色の花以外に、桃色、紅紫色、白色など様々で、関東では紅紫色が多いようです。❹カンヒザクラの開花期は関東南部では3月で、日本のサクラより特に早いという程ではありません。❺花托筒の長さはオオシマザクラにも9mm

のものがかなりあります。❼カンヒザクラにも、花弁が散る花があります。

このように、一つ一つの特徴を比較すると、カンヒザクラと日本産の種の間には、違いよりも共通の性質が多いことに気がつきます。

✽ 二つのサクラを繋ぐカワヅザクラ

それを、さらに確かめさせるような特徴を持つのがカワヅザクラです。

❷花は大きく、オオシマザクラに似ています。かなり濃い桃色です。花弁は花托筒上部のわずかに膨れた土手状部に、花弁基部の凸部分（爪）が埋め込まれるようについています。❸咲き初めでは、花弁の基部は純白色で、周辺部は桃色です。咲き終わりには、花弁の基部は濃い赤紫色になり、周辺は白くなります。濃い赤紫色への変化はカンヒザクラと同じです。❹花は早咲きで、伊豆では2月中旬に開花します。早咲きである性質はオオシマザクラにもあります。❺花托筒は長鐘型で、縦に10〜20本の筋があり、不規則な形の膨らみが沢山あります。この形態は、ヒマラヤザクラと日本のサクラの幾つかの種に共通です。❼花弁が散ります。この時、ソメイヨシノのように花弁は簡単には散らず、一部が残ります。それは、花弁の基部に花弁を散らす離層がよく発達しないことによります。

③消え行くか？　アタミザクラ（学名は無い）

アタミザクラは、1〜2月にかけて約1ヶ月も咲き続け、日本一早咲きのサクラです。熱海市観光協会によれば、このサクラはインド原産の「寒桜の一種」で、明治4年頃イタリア人によって齎されて、先人達の努力によって増殖が行われたとのことです。昭和40年の花いっぱい運動を契機に「あたみ桜」と命名されました。昭和40年代後半から数年の間に、あい次いで下田市の御用邸、伊勢神宮、東宮御所に献上されて広く知られるようになったそうです。

じつは「寒桜」（*Prunus* 'Kanzakura'）は古くから各地に植えられている園芸品種で、明治生まれの牧野富太郎博士が東京の樹木について記述している中にもあります。カンヒザクラとヤマザクラの雑種と考えられていますが、イタリア人がインド原産の「寒桜」の一種を持ち込んだというのは、変です。ヤマザクラは日本特産の野生種、カンヒザクラは中国東部と台湾産の野生種で、この両種の雑種の

*1-6-10
(川崎、1993)

2015年2月24日撮影のアタミザクラ。花は桃色、若葉が赤みを帯びている。

仲間がインド原産というのは理屈が合いません。「あたみ桜」と命名したとしても、すでに「寒桜」という園芸品種名があるので、やっかいな誤解を与えかねません。日本はなの会による桜の園芸品種認定制度はこのようなことが起こらないようにするための制度でもあります。

せっかくの「あたみ桜」は最近ではあまり注目されていないようです。町を歩いても、カワヅザクラのような華やかな空気も花を楽しむ熱気も感じられません。園芸品種は、時代と共に栄枯盛衰するものですが、せっかく先人達が努力して増殖した「あたみ桜」は現在では230本くらいが植えられているだけのようです。忘れられた桜なのでしょうか。「あたみ桜」の園芸上の本名は「寒桜」ですが、その別名「アタミザクラ」として楽しむ手もありそうです。面白いことに、熱海の人、角田晴彦が寒桜とオオシマザクラを交配して作出した園芸品種を「アタミハヤザキ」（*Prunus* × kanzakura 'Atami-hayazaki'）といいます。この花はカワヅザクラに似ています。園芸の世界は複雑怪奇です。

④新登場の園芸品種・カケガワザクラ

Prunus 'Kakegawa'

　サクラの園芸植物名ではアタミザクラのような問題があるので、正しく名前がつけられるようにする試みが始まりました。財団法人「日本花の会」が平成16年6月1日から施行した「桜の園芸品種認定制度」がそれです。園芸品種認定の申請が出されると、書類審査や標本審査、現地審査を経て、品種認定委員会が新品種を認定する制度です。

　この制度によって誕生したのが、カケガワザクラ(掛川桜)です。この園芸品種は、山中で偶然見出されたサクラの株から枝を採取してクローンとして増やし、230本の苗を掛川城に近い町中に並木として植えました。それが10年を経て、立派に開花するようになりました。早咲きで、カンヒザクラに似た花が強く下向きに咲いて、花弁が平開しない特徴があります。花色がカンヒザクラのように特に濃いという

2015年3月17日撮影のカケガワザクラ。花が下向きに咲き、咲き進むと花弁の色が濃く成って、枝全体の赤味が増す。

ことはありませんが、開花後日数が経つにつれて雄蕊や花弁の基部が赤色を増して、樹冠全体が濃桃色になります。

「日本花の会」による園芸品種認定制度は法的な強制力を持つものではありません。法的な規則には、「種苗法」があります。この法律は昭和22年の旧種苗法が平成10年に大改正されたもので、さらに平成26年に改正案が公表されました。日本で開発された農作物の新品種であるインゲン豆「雪手亡」（北海道）やイチゴ「とちおとめ」（栃木県）などが中国や韓国で断りもなく栽培されて、日本に逆輸入されたことがありました。このような侵害を防ぐために、平成3年の「植物の新品種保護に関する国際協定」に基づいて種苗法を改正したものです。新種苗法がサクラの新品種の認定と維持にどのような効果を持つのかは、まだ解りません。

⑤江戸の大名屋敷にあった八重桜・カンザン

Prunus serrulatula 'Kanzan'

筆者が子供の頃の記憶に、早咲きのサクラの花が一段落した後で、濃い桃色の大きな花を枝一杯に開くサクラがあり、八重ザクラと教わりました。

八重ザクラにも、花の色が違う様々な園芸品種があります。カンザン（関山）は、東京の荒川堤に栽培されていた品種として紹介されるサクラでもあります。荒川堤は、明治時代には「荒川の五色桜」として東京一の桜の名所と謳われました。江戸の大名屋敷にはサトザクラと呼ばれる一連の園芸品種（野生種のオオシマザクラから作られた園芸品種群）の名品が植えられていましたが、それを散逸したり消滅するのを惜しんだ植木職人が、荒川堤に植えたのが始まりです。この植木職人は東京駒込の高木孫衛門といい、自宅に栽培していた78品種3,225本のサクラを堤に植えたといいます。このことにより、江戸の桜の伝統が後世に伝えられたことになります。

当時の荒川は度々氾濫して大きな被害を出していました。当時村長であった清水謙吾は東京府知事に荒川堤の補修工事を願い出、さらに堤防に桜の植樹を願い、知人の高木孫衛門の所有するサクラの品種を植えることになったのです。

さらに清水謙吾の指導を受けた桜守である船津静作は、サクラ類の研究と栽培に尽くし、サクラの研究で高名な三好学や小泉源一、

2015年4月19日撮影。ソメイヨシノが終わる頃に、葉が出ると同時に花を咲かせる。

*1-6-11
(和田博幸、2010)

アメリカのウイルソンなど錚々たる研究者の良き相談相手となったのでした。明治19年には、サクラの苗3,000本がワシントンのポトマック湖畔に日米友好の証として送られましたが、残念ながら輸送に失敗しました。

　カンザンの花は塩漬けにして、桜湯として楽しまれます。香りと赤い色が好まれます。花は大輪で直径5cmにもなります。花弁は多く20~40枚あり、花全体が毬のようになります。花弁は雄蕊が変化したもので、その一部に雄蕊の痕跡があります。葉は花と同時に開いて長さ7~15cm、幅4.5~7cmもあり、形はオオシマザクラの葉に似て、赤紫色を帯びています。葉は花と一緒になってボリューム感のある姿となります。樹勢旺盛で花期が長く、海外でも人気の高い園芸品種です。

⑥萌黄色の花の八重桜・御衣黄

Prunus serrulatula 'Gioiko'

　萌黄色は萌葱色とも書き、萌出るネギの色で、青色と黄色の中間と言われます。昔、貴族の衣服にこの色があり、この園芸品

江戸時代に京都の仁和寺で栽培されたのがはじまりと言われており、現在も仁和寺で見ることができる。

種の名前になりました。御衣黄もカンザンと同じく荒川の土手で植えられていた園芸品種です。八重咲きで花弁は10～15枚、直径2.0cm～4.5cmで、北海道では大きく、本州では小さく咲きます。花弁は肉厚で外側に反り返っています。花期は4月下旬です。咲き始めには緑黄色ですが、散り際には中心が赤くなります。これは他のサクラでもよく見られる変化です。良く似た園芸品種に黄色い花の鬱金があります。

　御衣は天皇の衣服という意味もあり、皇居の東御苑では大手門の近くの御衣黄の花がこの意味で紹介されることがあります。また、黄色は中国の宋代から清代には皇帝の色とされました。従って御衣黄は皇帝の衣服の意味とも言えるかも知れません。しかし、現代の中国では黄色は卑猥な色だそうです。

第2章　サクラの植物学

1 花のつくりと機能

①花序

❋ サクラ属の花序

花をつけた枝全体と花のつきかたを合わせて花序(inflorescence)といいます。花序には様々な種類があり、サクラ属の花序は総状花序、散房花序、散形花序の三種類です。

総状花序は、花芽から真直ぐに伸びた茎から、同じ長さの細い茎(小花柄)が左右や四方に出て、その先に花がつきます。総状というのは総のように沢山の花が着くという意味で、総は房とも書きます(小花柄はほとんど無いこともあります)。散房花序は、総状花序と同じような作りですが、花をつける細い枝が下の方ほど長く、総状花序ほど多くの花がつきません。散形花序は、最初の枝が短く、その先に同じ長さの小枝が数本集まった花序です(図10)。

総状花序をつけるのは、図10のウメからミヤマザクラの7種です。各々の特徴を述べます。ウメは小花柄がほとんど無く、モモは短い小花柄のある花が並びます。ニワウメは1〜3本の小花柄が出て、イヌザクラは長い小花柄の花が並びます。ウワミズザクラの花柄の下の方には数枚の葉があり、バクチノキの総状花序の葉の葉腋には花がつくものがあります。イヌザクラ、ウワミズザクラ、バクチノキの小花柄は花序の先端ほど短くなっています。ミヤマザクラの小花柄には、小さな葉(苞)があります。

散房花序をつけるのはオオシマザクラです。小花柄は花柄から交互に出て、下の方のものほど長く伸びます。散形花序をつけるのはカワズザクラとソメイヨシノで、花柄の先の一点から同じような長さの小花柄が数本伸びます。

❋ 花柄・小花柄・花梗

花序をつくる枝の用語にpedicelとpeduncleという2つの言葉があります。この訳語に花柄、小花柄、花梗という用語がありますが、意味が混乱しているようです。いくつかの文献で比較してみます。

*2-1-1
(清水、2001)

*2-1-1

図10 サクラ属の花序

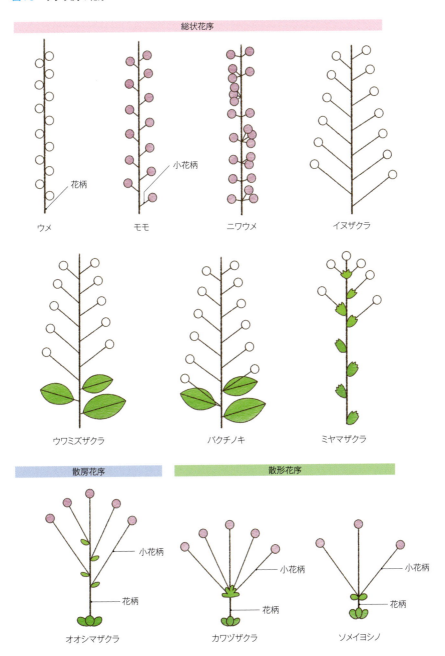

英和辞書 (竹林他編、2002)	peduncle →花柄（花梗） pedicel →小花柄（小花梗）
広辞苑 (新村、2008)	花柄は花梗と同義。説明する図ではpedicelの部分に花柄の用語を指示。英語のpedicelとpeduncleが理解されていない。
学術用語集 (文部科学省・1995)	peduncle →花柄、総花柄 pedicel →小花柄

最近中国で出版された図書には、花柄を「総花梗」、小花柄を「花梗」と表現しています。日本では、花梗という言葉は園芸業界で使われる傾向にあるようです。

*2-1-2
(王、2014)

私はpeduncleを「花柄」、pedicelを「小花柄」とし、それぞれ図10のような定義で本書を書きます。

②「花托筒」について

❋ 「花托筒」と「萼筒」

サクラの花の基部にある細長いコップのような筒(図11)をhypanthiumといい、それについて、『文部省学術用語集・植物学篇』では「花托筒」としています。しかし、日本で出版された多くの図書では「萼筒」と書かれています。稀に、「花托は広がって筒状となり」という表現もありますが、この見解は用語を正しく示していません。「（筒状の）喉部に5個の花弁と萼片が交互の位置につく」とありますが、この説明に雄蕊が抜けているからです。

*2-1-3
(増補版、1995)

*2-1-4
(山崎、1981、長村他、1988、大橋、1989、川崎、1993、清水、2001、秋山、2003、大場他、2007、石川、2010、勝木、2015)

*2-1-5
(小林、1982)

花筒や花コップとも言いますが、「花托筒」という言葉は、この部分が枝の一部である花托が筒状に成ったものであるということを明快に示しており、適当だと考えます。

花托筒の先端から萼片、雄蕊、花弁が作られます。これらの器官を物理的に支え、栄養や水分を供給するためには、枝から分化した葉である「萼筒」では無理で、堅い構造と通導組織である維管束を備えた枝、つまり「花托筒」であることが必要と考えるべきです。現在、欧米の分類学の図書では、花托筒は、萼片、雄蕊、花弁を支えることが重視されているのです。

図11　サクラの花のつくり

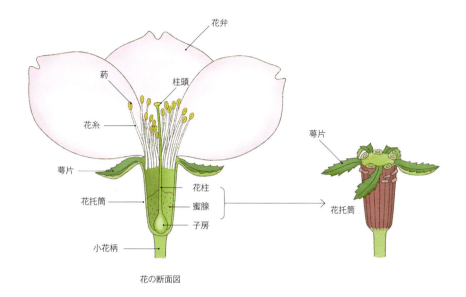

✤ 歴史的な背景

　一般的な花は、枝の先が少し膨らんだ花の土台である花托に、下から順に花葉と呼ばれる萼、雄蕊、花弁、雌蕊がついたつくりをしています。サクラのコップのような筒が、枝の一部である花托なのか、あるいは葉の一部である萼なのかが問題です。なお、萼は数枚の葉のようなものの集まり全体を意味し、個々の葉状物を萼片といいます。

　初版が1900年と古い『植物用語事典』に、花托筒が載っていて、「花托筒は萼の下の花托が伸びたもの、あるいは発達したもの」と説明されています。また萼筒は、「①萼片が結合して筒になったもの、②或る種の菌類の花托、③苔類の花に相当するもの」とあります。花托筒は花托であって、萼筒は萼が筒になったもので、両者は別物という説明です。またウエブスター英英辞典には、「花托筒は花托が伸びて、その縁に雄蕊、花弁、萼片がついたもので、しばしばバラの実のように果実を包む」と定義されています。

*2-1-6
(Jacson, 第4版, 1928)

*2-1-7
(Webstar, 1965)

　日本では「萼筒」としたり、「花托筒で、萼筒と同義」としたり、あるいは「膨大花托」とした例もあります。

❋ 現在の欧米の「花托筒」

欧米の文献では、萼筒という用語が消えて、「合成萼」という説明がされるか、用語として紹介されなくなりました。それに対して「花托筒」*2-1-8は、以下のように説明されています。*2-1-9

「花托や花の基部がコップのように広がったもので、しばしば伸びて果実を包むようになった、つまりバラの果実のように」、「子房の先端や周りにあるコップ状または筒状の構造物で、その縁から萼片、花弁、雄蕊が生ずる。花筒と同義。」*2-1-10「皿状、コップ状、または筒状の構造物で、その上に萼片、花弁、雄蕊が生ずる。通常は萼片と花弁と雄蕊の基部が合着するか、花托が変化したもの。花コップや花筒とも言う。」*2-1-8*2-1-11

❋ 結論

サクラの花の基部の筒状の構造物の名前は花托筒というのが良いと思います。英語ではhypanthiumと書き、日本語ではハイパンシウムまたは、ヒパンシウムと読みます。従来の「萼筒」はhypanthiumの意味ではなく、植物用語事典にあるように、萼片が合着して筒状になった構造物だけに用いると良いと思います。*2-1-6 つまり、シンプソンの文献で言われる「合成萼」と「萼筒」は同義語で、萼筒の先には萼片ではなくて、萼裂片が複数あるというのが正しいのです。*2-1-8

②雄蕊・雌蕊・胚珠

*2-1-8
(Simpson, 2006)

*2-1-9
(Heywood他, 2007, Judd他, 2008)

*2-1-10
(Heywood他, 2007)

*2-1-11
(Judd他, 2008)

図12 サクラ花の正面

サクラの花を前から見ると(図12)、花弁が5枚あります。花弁の先端は少し凹んでいます。(凹みのない花弁を持つ種もあります。)その中心に沢山の雄蕊と一本の雌蕊があります。雄蕊は白く、長い細い棒(花糸)の先に黄色い花粉袋(葯)が2個ついたものです。雄蕊は15～40本あり、その数は一定ではありません。

葯は黄色いコッペパンのような形で、長さは1mmくらいです。葯が縦に割れると、楕円形で高さ3/100mmくらいの小さな黄色い花粉が出て来ます。

花粉(図13)は、葯の中で球形の花粉母細胞が染色体の減数分裂を伴う2回の細胞分裂によって4個産まれます。初めは花粉母細胞の中心から楕円体の風船が放射状状に四個伸びたような状態

図13　サクラの雄蕊・雌蕊と花粉

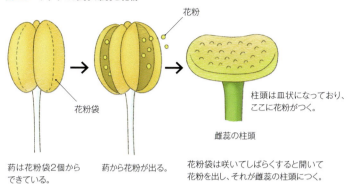

葯は花粉袋2個からできている。

葯から花粉が出る。

花粉袋は咲いてしばらくすると開いて花粉を出し、それが雌蕊の柱頭につく。

柱頭は皿状になっており、ここに花粉がつく。

雌蕊の柱頭

走査電子顕微鏡で見たサクラの花粉。
(写真=三好教夫)

赤道から見たサクラの花粉

極面から見たサクラの花粉

で、中心に近いポイントを向心極、遠いポイントを遠心極と呼びます。向心極と遠心極を結ぶ線を極軸といいます。極軸と直交する花粉の中心の面を赤道といいます。若い花粉はやがて互いに離れて大きくなります。出来上がった花粉を極の方から観ると(極面観)、円を外側から3ケ所切り込んだような形(三裂円形)です。赤道のある面の方から観ると(赤道観)、楕円形で縦に3本の溝と、溝の中に1ケの孔が見えます(三溝孔型)。花粉の外壁には縦に細長く伸びた畝のような構造物がたくさんあり、これを縞状紋といいます。ヤマザクラ、ソメイヨシノ、エドヒガン、ウワミズザクラ、スモモ、モモ、ウメ、オウ

*2-1-11
(三好他、2011)

トウの花粉は皆似た姿をしています。

雌蕊の先の柱頭はアンパンのような形で表面が凸凹しています。ここに花粉がくっつきます。

カミソリで花を縦に切ると、花の作りが良くわかります(図14)。花托筒の底から1本の雌蕊が伸びています。雌蕊は心皮という1枚の花葉からできていて、卵型のふくらんだ子房があって、子房から棒状の花柱が伸びて、花柱の先に柱頭が見えます。

子房を縦に切ると、子房の皮の内側に少し空間があり、短い柄のある卵形の胚珠が空間に浮かんでいるように見えます。胚珠には2枚の皮(珠皮)があって、外側の皮を外珠皮、内側を内珠皮といいます。胚珠の中には卵細胞が作られます。サクラの胚珠は初め2個できますが、成長するのは普通1個だけです。

④受粉と受精

花が開くと同時に、ミツバチなどの昆虫やメジロなどの野鳥が花の蜜を吸いにやって来て、ついでに花粉を雌蕊に運ぶ働きをします。同じ木の花の間で花粉のやりとりが発生しますが、それは重要ではありません。桜には自家不和合性といって、雌蕊は同じ花の花粉を受けつけない性質があります。違った株でしかも、雌蕊とは遺伝的に異なった株の花粉を運ぶのが重要なのです。例えば、ソメイヨシノの並木にカワヅザクラが混ざって植えられていれば、両者とも実をつけることができます。

花粉が柱頭に着陸することを受粉といいます。柱頭の粘液による拒否に遭わずに済んだ元気な花粉からは花粉管が伸びて、花柱を通って子房の中の胚珠に到達します。

2月下旬頃、まだ固いつぼみの中で、花粉母細胞が分裂を始めます。花粉母細胞には16個の染色体がありますが、2回の細胞分裂(減数分裂)で半分の8個となります。そして8個の染色体を持った4個の花粉が産まれます。一方、胚珠の中の卵母細胞が2回の細胞分裂(減数分裂)で染色体数が半分(8個)の卵となります。

3月〜4月の開花時期になると、花粉から伸びた花粉管の中の精核(染色体数8個)が、子房の中の卵の卵核(染色体数8個)と合体します。これを受精といい、子孫を作る最も重要な現象です。受精の結果、16個の染色体を持つ子供(胚)ができます(図14)。

図14 サクラの受精

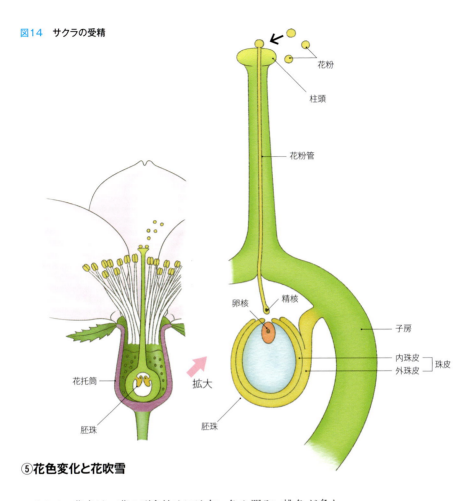

⑤花色変化と花吹雪

　サクラの花弁は、花の咲き始めには白い色や明るい桃色が多く、花弁の基部の細い所(爪)に1本の横線があります。花弁の先を指で引っ張っても抜ける事はなく、途中で破れてしまいます。しかし、満開を過ぎると、花弁の基部は厚くなり、基部の線の辺りに丸い細胞が増え、花弁の基部に赤い色がつくようになります。線のところに離層が作られたのです。この時、花弁を指で引くと、簡単に花弁が取れます。受粉が終わるのが合図のように、花弁はこの離層からはずれて、一斉に散ることになります**(図15、次頁)**。

　ソメイヨシノの花の咲き始めは白い色です。咲いてから7～9日が経つと、花弁の根元から赤色が強くなって、初めは白い色だった雄

図15 ソメイヨシノの花弁が散る仕組み

aでは、花弁の基部が細い爪となって花托筒に埋め込まれている。

bでは横線の部分の両側の組織が厚く脆くなり、横線（離層）の所で切れて花弁が散る。

cでは、花托筒の上部に散った花弁の爪の跡が穴となって残っている。

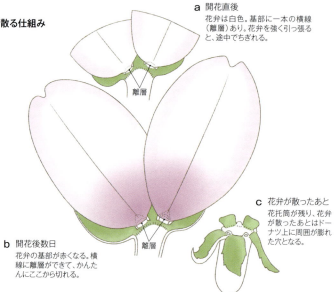

a 開花直後
花弁は白色。基部に一本の横線（離層）あり。花弁を強く引っ張ると、途中でちぎれる。

b 開花後数日
花弁の基部が赤くなる。横線に離層ができて、かんたんにここから切れる。

c 花弁が散ったあと
花托筒が残り、花弁が散ったあとはドーナツ上に周囲が膨れた穴となる。

開花時の花弁は白色。

満開を過ぎると花弁の基部や雄蕊が赤くなる。

遠景の花色も開花時は白く、散り際にはピンク色に見える。

写真4点、2002年4月撮影

2006年4月4日(左)、同10日(右)撮影。アマギヨシノ(品種)の花は、始め白く、後に中心が赤くなるのがはっきりしている。

蕊の花糸も赤くなるのです。遠くから眺めると確かにピンク色に変わったと感じられます。そして、赤くなった花弁はやがて散ります。サクラの花には大抵このような色の変化があるようです(左頁)。園芸品種の「アマギヨシノ」は、花の咲き始めは純白で、やがてピンク色に変わることが顕著なサクラです(上、左右)。

花吹雪の時には、胚珠の中で受精が起きて種子ができはじめています。もう昆虫や小鳥を呼ぶ花弁は用ずみです。花弁は膨大な数ですから、保つのに膨大なエネルギーを使います。花弁をできるだけ早く散らしたほうがサクラにとって有利です。それで、一気に花弁を散らすのです。花弁が散ると同時に、ふくらみ出した子房が花托筒を破って顔をのぞかせます。子房の成長はそれくらい早いのです(右)。

2012年4月18日撮影。赤い花托筒を破ってふくれる子房。

⑥花芽と葉芽、冬の眠り

桜の花の元は、7〜8月の暑い夏に作られます。これを花芽の分化といいます。花と葉の元が入ったものが花芽、葉の元だけが入ったものが葉芽で、10月には区別できるようになります。花芽は長さ7mm、幅4mmくらいでやや短く、太い形です。葉芽は長さ9mm、幅2mmで、花芽に比べて細長い形です。花の元は苞や鱗片という小さな葉で包まれます。葉の元も、托葉と鱗片で包まれます。鱗片

図16　ソメイヨシノの花芽と葉芽

花芽　　　　　　　　　　　　葉芽

花芽は太く、鱗片の内部につぼみがある。　　　葉芽は細く、つぼみがない。

　の内側には短い毛が密生していて、まるで毛皮のコートのようです。鱗片の外側には、固い芽鱗があります。芽鱗には毛はなく、固く、チョコレート色の防水ヤッケのようです。芽鱗に包まれた芽全体を越冬芽といいます(図16)。

　このように、花芽と葉芽は越冬芽となって、休眠に入ります。越冬芽は秋になって葉が落ちる前に葉で作られたアブシジン酸という植物ホルモンによって休眠状態になります。その後10℃以下の冬の低温の時期を40〜50日過ごすことで、越冬芽の休眠状態が破られ、花芽は活動を始めて開花に向かいます。これを休眠打破とか、サクラ以外の植物も含めたより広い意味では「春化」といいます。ヒマラヤザクラなど南方のサクラには寒さによる休眠の性質が無いようで、秋に開花するものもあります。私は12月に中国の雲南省で、12〜2月にタイ国の北部でヒマラヤザクラの開花を観察しました。

*2-1-12
(染郷、2000)

*2-1-12

⑦開花

　春化によって活動を始めた花芽は、春先の温度上昇と湿度によって開花へと向かいます。自然の状態では、その前に桜の樹木の根が目覚めて水を吸収し、枝が光合成を始めなければなりません(→p135、p143)。それは2月頃です。4月上旬に開花するソメイヨシノなどは、春化してから2ヶ月ほどかけて開花することになります。

この間の気温は毎日一定温度だけ上昇するとは限りません。暖かい日もあれば冬の戻りのような日もあります。この場合、1日の最高気温（植物が成長できる10℃以上）から10℃を引いた気温が、成長の有効温度になります。植物は、有効温度がある間は成長して、気温が10℃度以下になると成長を止めて待機します。成長を後戻りさせて、開いた葉を引っ込めるというような器用なことはできないのです。ですから、毎日の有効気温分だけ成長するといえます。

　そこで毎日の有効温度を足した「積算温度」が、開花にとって重要ということになります。ソメイヨシノの積算温度は540℃といわれます。また、かつて気象庁が用いていた「温度変換日数」もあります。標準温度を15℃と定め、この温度での1日分の成長量とその前後の温度を比較して、花芽の成長速度を日数で計算したものです。1日の平均温度が5℃の時は、温度変換日数は約0.3日、15℃以上では約3.3日で、1日で3.3日分成長することになります。

　春化の性質と気温管理を利用して、サクラの開花を人工的に早くすることができます。例えば4月上旬に開花するソメイヨシノは、1月下旬から開花促進を始めます。先ず、予備暖房として日当りのある室内に桜の鉢を移して7〜10日置きます。それから本暖房として最低温度5〜7℃、最高15〜25℃の暖房室に入れます。午前中に植木鉢に水をやり、花芽にスプレーで水をやります。すると、20〜30日くらいで開花します。

＊2-1-13
(小笠原, 1992)

⑧狂い咲き

　本来は、春に咲くサクラの花が秋に咲いてしまうことがあります。「狂い咲き」と呼んでいますが、この現象は、休眠と深い関係があります。休眠を起こすアブシジン酸という植物ホルモンは、秋に葉で作られ、それによって枝先に越冬芽が作られます。ところが、秋に台風が来てサクラの葉が飛ばされると、越冬芽を作らせるアブシジン酸が産まれません。芽にとっては必要な睡眠薬が無い状態です。ここで、春のような暖かい日が続くと、花芽は花を咲かせてしまうのです。ネパールのヒマラヤや中国の雲南省の山中などのヒマラヤザクラは秋に開花しますが、分布を北方へ広げる途中で越冬芽を作り、休眠する性質を進化させたのではないかと考えられます。従って、その血を引く日本の早咲き園芸品種の眠りは浅いのかもしれません。

＊2-1-14
(田中, 2008)

⑨八重咲きへの変化

　雑種が元になっている園芸品種のサクラには、花粉や子房の中の胚珠がうまくできないために、子供（胚）ができないものがたくさんあります。退化雄蕊といって花粉ができない雄蕊や、胚珠の無い退化雌蕊が見られます。面白いことに、園芸品種にも正常な雄蕊と雌蕊が少しできて、サクランボが実ることがあります。

　野生種であるオオシマザクラは、特に花に関して様々な変異を持っています。そのため、他の野生種との間に多くの雑種ができて、その中からサトザクラと呼ばれる園芸品種群が産まれたと考えられています。この園芸品種群に八重咲きの品種があります。八重咲きは、雄蕊が花弁化することで起こります。園芸品種のフゲンゾウ「普賢象」 *Prunus serrulata* 'Albo-rosea' は、オオシマザクラが元になって出来た園芸品種の一種です(下)。花弁が20~50枚ある八重咲きで、サクラとして本来一本であるべき雌蕊が二本あります。しかし、正常な雌蕊ではなく、葉化した奇形です。緑色をしていて、花柱が長く伸び、子房は表側に折り畳んだ葉のようで、縁に葉と同じような鋸歯があります。この葉化した雌蕊が普賢菩薩の乗っている象の鼻に似ているというので、園芸品種の名前となったといいます(図17)。雄蕊にも変化が見られ、様々な程度に花弁化し、マメ科の花の旗弁のようになるものもあります(次頁)。

　これは野生のオオシマザクラの花でも観察され、この種が八重桜の元になったことを連想させます。もちろん、本来の種子を作るとい

図17　フゲンゾウ（品種）の花の変化

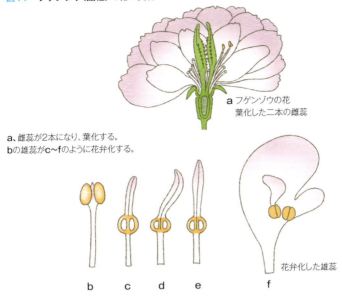

a　フゲンゾウの花
　　葉化した二本の雌蕊

a、雌蕊が2本になり、葉化する。
bの雄蕊がc〜fのように花弁化する。

花弁化した雄蕊

う機能はありません。雄蕊が花弁化し、雌蕊が葉化した普賢象には、サクランボができないのが普通です。しかし時として、雌蕊が完全で、普賢象に二個のサクランボがつくことがあります(p.92下)。これらの事は、母体のオオシマザクラが如何に変幻自在の樹木であるかを示しているように思われます。もし、普賢象の実った種子を播いて発芽したら、どのような桜ができるか楽しみです。

雌蕊と雄蕊の変化

左、中央はフゲンゾウの雌蕊が2本になり葉化したもの。2012年4月18日撮影。
右はオオシマザクラの雄蕊が花弁化したもの（旗弁）。2012年4月6日撮影。

2　果実

①色を変える果実

　果実(サクランボ)の成長は早く、緑色からオレンジ色〜赤色に変わり、成熟すると黒くなります。緑色をした若い果実にはアミグダリンという青酸化合物が含まれていて、猛毒です。果実が熟すにつれて色が変わり、黒くなると有毒成分が無くなります。成熟した果実はヒヨドリなどの野鳥が食べ、それによって種子が遠くへ運ばれます。赤や黒色に熟す果実は熱帯の樹木に多いので、サクラも熱帯の樹木的といえます。また、樹木の果実は夏から秋に成熟するものが多いのですが、サクラは他の樹木の果実が実らない早い時期に実ることで、野鳥を多く引き寄せ、種子を有利に運ばせることができます。

サクランボは、若い緑色(左)〜赤色(中)〜黒色(右)と変化する。

2007年4月29日撮影

2007年5月20日撮影

2007年6月6日撮影

2015年7月13日撮影。'佐藤錦'のサクランボには縦に一本の線(縫合線)がある。

若い果実に毒があるのは、若くてまだ種子（子供）が成長しない時に野鳥に食べられないように、野鳥に信号を送っていると考えられています。*2-2-1

果実が成熟するのは、5月末から6月にかけてです。卵形や球形で、野生種の多くの果実は縦1.0〜1.2cm、横1.0〜1.2cmくらいです。サクラの果実には3枚の皮があります。外側には黒色で光沢のある薄い外果皮があります。外果皮には縦に一本の細い線（縫合線）があります。この線は子房の中で胚珠が子房の皮の内側に向かっていた面を示していますが、果実が成熟すると見えづらくなるものもあります。この縫合線はオウトウでは、成熟しても明瞭です(左頁下)。ヨーロッパ産の*Prunus avium*と*Prunus cerasus*の図の果実には明らかな縫合線が描かれています。*2-2-2

外果皮の下に厚さ3〜4mmの中果皮があります。中果皮には汁が多く、甘い味や苦い味があります。野鳥はこの中果皮を食べに来るのです。中果皮の内側には内果皮があります。内果皮は、とても固くて皮が厚いので、種子そのもののように見えます。この内果皮は「核」という言葉で呼びます。海外では「石」と呼んでいます。

上述の縫合線は内果皮（核）の構造と対応しています。核の腹面には縦方向に三本の畝あるいは障壁のような構造があって、核の壁はこの面で厚く、内部に縦方向の溝があります。背面には縦方向の線は一本のみです。このつくりは広義のサクラ属（*Prunus*）に共通です。核については以下で詳しく述べます(→p96)。

②双胚果、双子果

広義のサクラ属の子房の中には種子を作る胚珠が二個入っています。種子になるのはこの内の一つで、残りは途中で死んでしまいます。しかし、二個ともに種子になる場合があります。このような果実は普通より大きく、双胚果と呼ばれます。果樹であるモモに良く見られ、果実が他より大きく、脇腹がふくれてきます。核が割れたり、果肉が軟化して途中で落下することが多く、良い果実が期待できないので摘果します。*2-2-3

オウトウでは、双子のサクランボができます。モモと違って花に子房が二本できることが原因です。二個の胚珠が完全な場合には、同じサクランボが二個並びますが、片方が不完全だと大小二個と*2-2-4

*2-2-1
(岡本,1999, 中西,1999, 野間,1999)

*2-2-2
(Blamy & G-Wilson, 1989)

*2-2-3
(阿部・井上他, 2001)

*2-2-4
(佐竹他, 1993)

青森県弘前城公園。2015年6月25日撮影。ヤエベニシダレ(品種)は、1本の枝に単子果(普通のサクランボ)と双子果ができる(上)。

2013年5月22日撮影。普賢象にできたサクランボ。

ります。また半分に割れそうな一個の場合もあります。一重咲きのサクラの花には雌蕊は一本ですが、八重咲きの園芸品種では、子房が退化して葉状になります。普賢象の花では、退化して葉状になった緑色の二本の雌蕊が花の中心で左右に開いています(→P89)。ところが、この雌蕊がまともである場合があり、それが双子果を産むのです。八重咲きの園芸品種である「ヤエベニシダレ」は、たくさん並んで垂れる枝に普通の単子果や様々な双子果ができて、何だか楽しい様子になります。

果樹としてのモモの双胚果やオウトウの双子果は、前年の夏の花芽分化時の異常乾燥に原因があります。特にモモは夏の乾燥に弱いので、果樹農家は灌水に気が抜けません。

③染色体数と雑種

　スモモの果実は無毛で、毛の多いモモやアンズと大きく違っているように見えますが、スモモとアンズの間には雑種ができます。

　サクラ属で雑種ができる条件の一つは、染色体数(2n)が同じであることです。受精の際は、両親の身体の染色体数は減数分裂により半数(n)になります。そしてできた精子(n)と卵(n)が受精すると2nの子供が産まれるのです。ですから、染色体2n=16の植物同士では、雑種が上手くできます。サクラ属の種の多くは2n=16の染色体を持ちますから、雑種ができるのです(表7)。半数(n)を基礎数(x)ともいいます。

　しかし、染色体数がちがっても、雑種ができることがあります。ヨーロッパ系のスピノーサスモモ *Prunus spinosa* (2n=32)とミロバランスモモ *P. cerasifera* (2n=16)の雑種がセイヨウスモモ *P. domestica* (2n=48)です。減数分裂で半数になったスピノーサスモモの染色体数(n=16)とミロバランスモモの半数の染色体数(n=8)

表7　サクラ属の染色体

種名	染色体数	出典
アンズ	2n=16	大場、1989
ウメ	2n=16,24	同
スモモ	2n=16	同
モモ	2n=16	同
バクチノキ	2n=16	同
リンボク	2n=16	同
ユスラウメ	2n=16	同
ニワウメ	2n=16,24	同
ニワザクラ	2n=16	同
ミヤマザクラ	2n=16	小林、1982
チョウジザクラ	2n=16	同
マメザクラ	2n=16	同
キンキマメザクラ	2n=16	同
カンヒザクラ	2n=16	同
エドヒガン	2n=16	同
タカネザクラ	2n=16	同
オオシマザクラ	2n=16	同
オオヤマザクラ	2n=16	同
ヤマザクラ	2n=16	同
カスミザクラ	2n=16	同
ソメイヨシノ	2n=16	同
コヒガンザクラ	2n=24	同
ウワミズザクラ	2n=32	同
エゾノウワミズザクラ	2n=32	同
シウリザクラ	2n=32	同
セイヨウミザクラ	2n=32	ウエブ
Prunus americana	2n=16	Gleason & Cronquist, 1991
Prun us psillifera	2n=48	Iwatsubo & Kawasaki et al., 2002

*2-2-5
(吉田, 2013)

から2n=24の雑種が産まれ、この雑種の染色体数が2倍になって2n=48が産まれたのです。サクラの染色体の基本数は8ですから、4倍体のスピノーサスモモと2倍体のミロバランスモモから6倍体のセイヨウスモモができたことになります。自然交配によって産まれたと考えられています。ヨーロッパを中心に世界各地で栽培されていて、プルーンと呼ばれるのがこれです。

*2-2-6
(Iwatsubo & Kawasaki et al., 2002)

多数（約190品種）の園芸品種の染色体数を調べた報告では、その大部分の品種の染色体数は2n=16でした。*2-2-6

Column

コシノヒガンザクラの謎

2015年3月25日撮影の、コシノヒガンザクラ。皇居東御苑。

*2-2-7
(川崎1993)

*2-2-8
(八杉他、1996、第4版)

コシノヒガンザクラ（サクラ亜属）*Prunus spachiana* var. *koshiensis*は、染色体数が2n=24の変わり者です。サクラ亜属と広義のサクラ属の染色体の基本数は8ですから、2n=24は三倍体といいます。

多くの本では、学名が示すようにエドヒガンの変種と説明しています。和名は越中の国にあるヒガンザクラという意味です。富山県南砺波市城端の山地の狭い範囲に生育しています。花はエドヒガンに似ていますが、花弁の長さが1.5cmあり、より大きな花が咲きます。

このサクラについては、ほかにもエドヒガンとオオヤマザクラとの自然雑種とする説、エドヒガンとカスミザクラまたはキンキマメザクラの雑種とする説が示されています。*2-2-7

コシノヒガンザクラの両親とされる四種のサクラの染色体数は、すべて2n=16の二倍体です。どの説からも三倍体はうまれません。どのような経緯で三倍体のコシノヒガンザクラとなったのか、謎が残ります。岩波『生物学事典』の三倍体の記述には「②偶発的に発生した減数分裂のなかった（非還元性）四倍体と正常な二倍体の間にも生じる」とあります。*2-2-8 エドヒガンの集団で四倍体が発生して、エドヒガンの種内で三倍体であるコシノヒガンザクラが産まれたのかもしれません。二倍体の野生種同士の雑種ではありません。

⑤自家不和合性と交配不和合性

　植物には、同じ花や同じ株の花粉では受粉ができず、その結果としての受精ができないという性質を持つものがあります。別の株の花粉が雌しべの柱頭についた時に受粉が成立します。これを自家不和合性と言います。また、他の系統の花粉では受粉できない他家不和合性も知られています。他家不和合性は交配不和合性とも呼ばれます。

　サクラ属の野生種では、自家不和合性の有無は解りません。系統とは遺伝的に似た集団と考えられますが、野生種の中の「系統」が解らないからです。 *2-2-9
(八杉他・編、1996)

　同じサクラ属の樹木であるオウトウの園芸品種は、同じ株の花の花粉と雌蕊の組み合わせである場合や、同じ品種同士では花粉が雌蕊に着いても種子ができません。自家不和合性があるからです。それで必ず花粉を提供する他の品種を授粉樹として一緒に植えます。しかも、品種が違えば何でも良いというわけではなく、特定の品種間では受精しないという交配不和合性の性質もあるので、授粉樹の選定には注意が必要です。現在、日本のオウトウ栽培では7群の交配不和合の品種群が分かっていて、この群のメンバー同士では果実ができません(図18)。ソメイヨシノの並木には、どんな園芸品種が授粉樹となっているのでしょうか。 *2-2-10
(佐竹他、1993)

図18　オウトウの交配和合関係

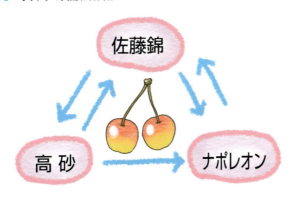

佐藤錦と高砂、ナポレオンは、どちらを♀♂にしても交配可能。高砂とナポレオンは、高砂が♀の場合のみ交配が可能。

3　種子

①種子を守る核

　サクラの内果皮である核は固く、核の中にある種子本体の外側の種皮（外種皮）はとても薄く観察が難しいので、固い核がサクラの種子として扱われています。また、核をもつ果実を核果といいます。核果は、中果皮が柔らかく、野鳥や哺乳動物に食べられますが、固い核は消化されずに糞と一緒に地上に落ちて、落ち葉などに埋もれて発芽を待ちます。オオシマザクラの実は黒く熟します(1)。

　オオシマザクラの核は縦9mm、横6mm、厚さ5mmくらいの楕円形で、黄白色です。核には腹と背中があり、核を横の面（脇腹）から見た時、腹と背中が区別されます(2)。核の左側が腹、右側が背になります。核を腹と背中を通る線で縦に割ると、核の皮は腹側で厚く、背中側で薄いことが分ります。また、腹側に溝があります(3)。核の上端は少し尖っています。胚珠が若い時には、ここに穴（珠孔）が開いていて、ここから花粉管が侵入します。腹側から見ると、正面に細い数本の畝のような突出物があります(4)。脇腹にも畝があり、これを「皺」と表現する研究者もあります。サクラの核のつくりはサク

黒く熟したオオシマザクラの果実　　脇腹側から見た核　　脇腹の断面　　腹側から見た核

1　　2　　3　　4

ラ属の植物に共通で、ソメイヨシノやヤマザクラを初め、ウメ、モモ、アンズの核は皆同じつくりをしています(5〜7)。

　もっとも、核の大きさや脇腹の表面模様は、広義のサクラ属でも、様々でお互いにかなり異なったつくりをしているように見えます。モモの核は大きくて観察しやすいようですが、脇腹は畝が複雑に盛り上がっていて、畝の間は深い溝か孔のようです。果肉がこの溝や孔に入り込んで取り去るのは大変です。ウメの核ではやはり核が大きく、脇腹には沢山の深い孔があります。この両者はお互いに非常に違っているように見えます。しかし、野生のウメの核の脇腹をみると、モモの核に近いものや、畝と孔が共存する中間の模様があります。元々は脇腹の表面にあった縦方向の畝が、数を増やし網目になり、複雑になってモモのようになり、さらに畝が脇腹の全体を覆い、溝が孔となったもの、という具合に、形の上では一連の構造と理解できます。基本的には同じつくりをしているのです。狭義のサクラ属の核の脇腹は比較的畝のつくりが単純といえます。*2-3-1

*2-3-1
(梅田、2009)

　アンズの核はサクラの仲間より大きくて、中果皮と核がきれいに分かれますので、サクラ属の核を理解する上で好都合です。また、梅干しの果実も外果皮を取り易く観察しやすいので、ぜひ試してみてください。

サクラ属の果実と核面の様々

核面の模様は互いに異なっているように見えるが、中間の模様で繋がる。

5　　　　　　　　　　6　　　　　　　　　　7

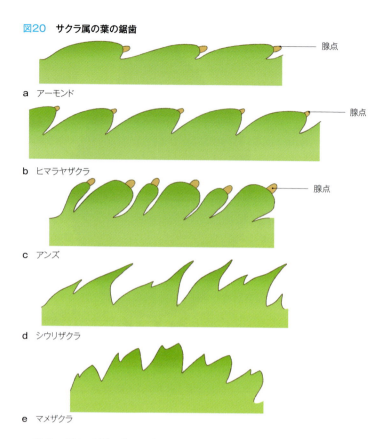

図20 サクラ属の葉の鋸歯

a アーモンド — 腺点
b ヒマラヤザクラ — 腺点
c アンズ — 腺点
d シウリザクラ
e マメザクラ

　葉身の縁には鋸の歯のようなギザギザがあります。これを鋸歯といいます。サクラの葉には鋸の山が一つの単鋸歯と山が二つの重鋸歯があります。図20は鋸歯を拡大したものです。アーモンドとヒマラヤザクラ(a,b)は単鋸歯で、若い葉の鋸歯の先端には蜜腺があります(c)。アンズは重鋸歯ですが、先は丸く、蜜腺があります。シウリザクラは重鋸歯で、先は鋭く尖っています(d)。マメザクラも重鋸歯ですが先は尖りません(e)。両種の成葉の鋸歯には蜜腺がありません。カスミザクラの鋸歯は、単鋸歯と重鋸歯が一枚の葉で同居しています(p32, 図3-c)。日本で見られるサクラの総ての仲間には鋸歯がありますが、タイの*Prunus arborea*のように鋸歯の無い葉を持つサクラもあります。

　鋸歯は、大抵は葉の面と同じ向きに並んでいて、葉の先端の尻尾と共に雨水を流すのに役立っていると考えられます。まれに葉の

*2-4-1 (Gardner, 2000)
*2-4-2 鋸歯がなく、葉の縁がつるりとしている葉を全縁という。

図21　ヒマラヤザクラの托葉と蜜腺

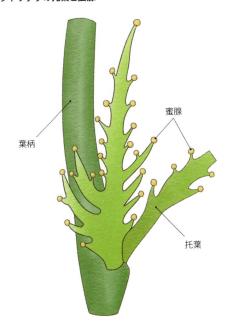

面から鋸歯が直角に立ち上がっている場合がありますが、この場合は風と関係があるかもしれません。葉には毛が有ったり、無かったりします。毛については後で詳しく説明します。

❊ 托葉

　托葉は羽のように深く切れ込んでいるものや、槍の穂先のようなもの等、様々です。ヒマラヤザクラの托葉は羽のように切れ込んで、葉の先に蜜腺があります(図21)。バクチノキの托葉は、棒状です。托葉は葉身が開く頃には落ちてしまいます。托葉は葉の本体である葉身がまだ十分開かない時に光合成を補助すると同時に、腺点の蜜でアリを呼び、有害なダニや昆虫を駆除する働きがあると考えられています。

❊ 蜜腺

　葉柄の蜜腺は、葉柄の上部や葉身の下部にあります。多くの蜜腺は直径1mmくらいで、真ん中の凹んだアンパンのような形です。花の時期、凹みに蜜がたまり、半球形にふくらみます。人が舐めて

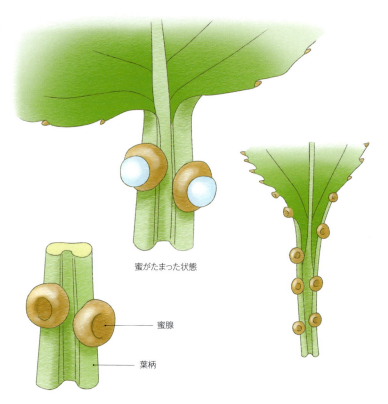

図22 葉柄の蜜腺
サクラの葉の蜜腺から蜜が出るのは、春から初夏にかけて。晴れた日の朝など、よく見られる。

蜜がたまった状態

蜜腺

葉柄

　も甘い味がします。葉柄の蜜線は2個が多いのですが、6個もついている事があります(図22)。また、若い葉の鋸歯の先にも小さな蜜腺があって、蜜を出しています。葉柄や葉の鋸歯の蜜腺は、アブラムシなどの害虫を食べるアリのために用意したご褒美です。葉に托葉と蜜腺があることは、桜の葉の大きな特徴です。早春に他の樹木に先立って葉を開く桜には、害虫が少ないように思いますが、実際はそうではないので、害虫から身を守るしくみが必要なのだと思います。桜の葉にはクマリンという物質があります。農薬の成分でもある有毒物で、この物質も害虫退治と関係があるようです。

　葉身の表面は濃い緑色で、光沢があるものが多く、主脈と側脈の部分で凹んでいます。濃い緑色は上から来る太陽光を受けて光合成をする為で、光沢は、葉の表面の蝋物質でクチクラと呼びます。太陽光の強い紫外線と光と熱を反射して内部を守ります。葉身の裏面は淡緑色です。

図23 葉の縦断面

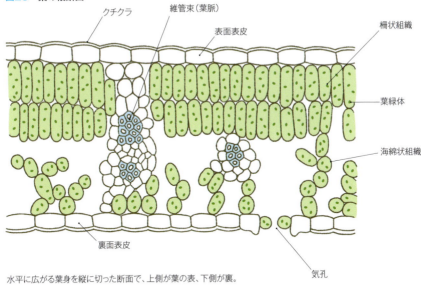

水平に広がる葉身を縦に切った断面で、上側が葉の表、下側が裏。

❋ 葉身の作り

　葉の表面は蠟物質から成るクチクラで覆われています。クチクラの下には表皮があります。表皮は一層の細胞層からできていて内部を守ります。表皮の下には、密に縦2列に並んだソーセージ状の細胞が、柵状組織を作ります。細胞の中には葉緑体があって光合成をします。柵状組織の下にはソーセージ状や球状の細胞がまばらに並んだ海綿状組織があります。この組織も光合成をしますが、細胞間の空隙で空気や湿度を保つ働きがあります。またこの部分には葉脈が通っています。これらの組織や葉脈を含めて葉肉といいます。葉の裏側には表皮と気孔があります。気孔は空気やガス、水分の出入り口として大きな働きをしています。空気が乾燥すると気孔が閉じて水分の蒸散を防ぎます(図23)。

　サクラの葉は種によって常緑のものと落葉のものがあります。日本のサクラでは、バクチノキとリンボクが常緑性の葉を持ち、他の種はすべて落葉性の葉を持ちます。ヨーロッパにも一種 *Prunus laurocerasus* の常緑のサクラがあります。葉の厚さは種によって様々で、指で触るとその厚さの違いがわかります。しかし、実際に葉の厚さを測定することは容易ではありません。

2015年3月6日撮影。葉裏が白っぽい、トウオウカの若葉。静岡県沼津市香貫山。

*2-4-3
(呉征鎰、1986)

✤ トウオウカの若葉の作り

　トウオウカ（冬櫻花）*Prunus majestica* は中国の雲南省に自生するサクラですが、その実体は未だ分かっていません。トウオウカは沼津市の香貫山に現在6株あります。これは、筆者が昆明植物研究所に依頼、1995年11月に種子を入手して日本桜の会結城農場で播種されたものです。播種をやってくださった田中秀明農場長によると、雲南省の海抜1,200m〜2,200mの山中に自生し、自生地では12〜1月に開花するサクラです。花は桃色で花弁が平開して可愛らしい感じがします。私はまだ花を見ていないので、取りあえず早春の葉の様子を観察しました。

　トウオウカの芽吹いて間もない長さ5cm、幅2cm位の若葉の裏面を見ると、主脈と側脈に半透明の白い膜のようなものが見えました。主脈の部分を鋭利なカミソリの刃で切ってみると、中心に維管束が通る柱のような主脈があり、その上を白い半透明の膜が覆っています。この膜と中肋の間には明らかに隙間があります。そして、中肋の上には細かい白色の粒子が散在しています（図24）。側脈の上にもこのような空隙を伴った膜があり、この膜はさらに葉脈と葉脈の間の葉の柵状組織全体（葉肉）を覆っているのです。そして、葉の最外郭を作る表皮は、内側の葉肉から所々で離れていました（図25）。先の鋭い針やピンセットで、注意深くこの表皮を剥ぎ取ることができます。葉が成長するにつれてこのような表皮と葉肉は堅く密着して、成葉となります。その後4月に芽を吹いた若葉では、このような表皮の剥離

図24　トウオウカの若葉の裏面　　図25　主脈部分の拡大

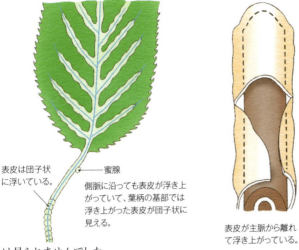

表皮は団子状に浮いている。

蜜腺

側脈に沿っても表皮が浮き上がっていて、葉柄の基部では浮き上がった表皮が団子状に見える。

表皮が主脈から離れて浮き上がっている。

は見られませんでした。

　同様な観察をヒマラヤザクラとヒマラヤヒザクラで行いました。ヒマラヤザクラでは、葉肉と表皮の剥離は全く観察されませんでした。ところが、ヒマラヤヒザクラの成葉となった堅い葉の裏には、明らかに若葉の時に葉肉から剥離していたと考えられる表皮が、皺のようになって残っているのが観察されました。そして、ごく最近伸び出した短い小枝についた葉は、表皮の剥離の無い通常の葉でした。丁度、トウオウカで2月に芽吹いた若葉で表皮の剥離が見られ、その後4月に芽吹いた若葉では剥離が見られなかったのと同様だったのです。

　トウオウカに見られた葉裏の表皮の剥離のような様子は、ヤマザクラ、カスミザクラ、オオヤマザクラでも観察されました。

②葉の毛と葉裏のダニ室

　サクラの葉には、色々な毛があります。表面の中肋に沿って、長さ1mmの毛が縦に並んでいます。側脈やもっと細い細脈からは長さ0.1mmの毛が生えています。これらの毛は種によって、ごく若い葉にだけ見られ、やがて脱落するものと成葉になっても残るものがあります。また、種によっては、中肋の両側に長さ1mmの開出毛が密生する種もあります。*2-4-4

*2-4-4
枝葉から直角に出る毛のこと。

クスノキの葉には、葉裏の中肋から側脈の分かれ目にできる鋭角の部分（脈腋）に、孔の開いた袋状のものがあります。これはダニ室で、中にフシダニが棲んでいます。ヨーロッパのガマズミ属の*Viburnum tinus*の葉裏には毛の房のダニ室があり、中には10種類ものダニが棲んでいて、微生物を食べています。[*2-4-5]

サクラの葉裏にも、同様の仕掛けがあります。上に述べた0.1mm位の毛とは別に、脈腋を覆う三角の膜状物の下に毛のあることがあります（ヤマザクラ、カスミザクラ）。また、膜状物が無くて毛だけのこともあります（シウリザクラ）。これらは、ダニ室ではないかと思われます。また、種によって、若い葉の裏は光沢があって粘ることがあります（カスミザクラ）。粘液は、悪しき昆虫やダニを蝿取紙のように捕らえるのかもしれません。上に述べた長さ0.1mmの葉の毛は、葉裏の方が長く残るようです。[*2-4-6]

サクラの葉裏は、表と違って世界が逆さまの屋根裏の天井のような空間です。下向きに生える毛や粘液や気孔のあるこの空間を、重力に逆らって動き回りながら、アリやダニ、さらに小さな微生物たちは熾烈な生存競争を繰り広げているのでしょう。それを操るサクラの知恵があるのです。

[*2-4-5] (笠井他、2002)

[*2-4-6] (トーマス、2001)

③ヤマザクラの葉裏の粉白色への仮説

❀ 葉裏の粉白色

ヤマザクラの葉の特徴の一つは裏が白っぽい（粉白色）ことです。また、オオヤマザクラの葉裏も白っぽい、または僅かに白っぽいと記述されています。一方、カスミザクラにそのような記述はありません。3種の葉裏の色を異なったように見せるのは、何でしょうか？

筆者は、表皮に仕掛けがあると考えました。そのことを確かめるために、実体顕微鏡で生きた葉の裏面を観察しました。葉脈の間の葉肉が透けて見える部分は明るく淡い緑色に輝いてみえます。ウドン粉病菌の胞子ができると粉をふいたように見えますが、そのような物質は確認できませんでした。

❀ 実体顕微鏡による表皮の観察

ヤマザクラ、カスミザクラ、オオヤマザクラの若葉の葉裏の表皮は、葉の側脈に沿って、トウオウカに似た葉肉から離れた部分があります。

2015年5月1日撮影。ヤマザクラ(左)、オオヤマザクラ(中央)、カスミザクラ(右)の葉の裏面の色の比較。ヤマザクラが最も白っぽい。

ここから、ごく小さな表皮を針先で剥ぎ取ることができます。この表皮は透明で、気孔がたくさんあります。表皮の断面を見ると、外側に凹凸が認められます。

　この構造は、淡緑色で白っぽく見えないカスミザクラの葉裏では、ヤマザクラに比べて気孔のサイズが小さく、密度が低く、そのために表皮の断面の凹凸も小さいことが原因ではないかと筆者は考えました。しかし、この方法では、観察を確かめるには不十分で、さらに倍率の大きな光学顕微鏡を用いて、葉のパラフィン切片または樹脂切片で観察する必要があります。

✻ 平行型気孔複合体の仮説

　光学顕微鏡による観察の例を筆者は知りませんので、気孔の構造がカギだと考え、一つの仮説を立てました。植物の気孔には、図のように様々な形があります**(図26/次頁)**。サクラの葉の気孔は孔辺細胞と副細胞を持つ平行型気孔複合体と仮定します。

　図27A **(次頁)** は、気孔が閉じた状態です。孔辺細胞と副細胞には、水が無くて、細胞は空気が抜けた風船のようにしぼんでいます。大きな葉肉の空間には水蒸気が少なく、葉は乾燥状態です。孔辺細胞の内側は互いに接していて、細胞内の水は少なく、膨圧は無い状態です。

*2-4-7 (長谷部他、2002)

図26 葉の気孔の様々な型

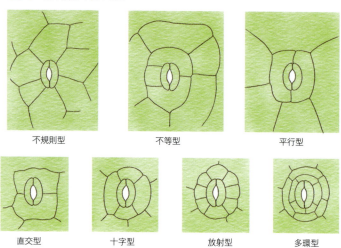

不規則型　　　　　　不等型　　　　　　平行型

直交型　　　十字型　　　放射型　　　多環型

図27 サクラの葉の気孔を平行型複合体とする仮説

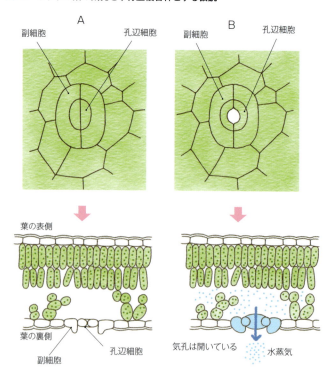

図27Bは、孔辺細胞の内側が互いに離れて、気孔が開いています。孔辺細胞内には水が充満し、膨圧が高く、孔辺細胞は細長い風船を水でふくらませた状態になっています。葉肉の空間は水蒸気で満たされ、気孔の開口部から空中へ放出されます。副細胞にも水がありますが、孔辺細胞に比べ少ないので、膨張した気孔細胞のクッションになります。気孔は、水で膨らんだことによって表皮から突き出ています。この状態の葉の裏を上にして見ると、日光が水で膨らんだ孔辺細胞と副細胞の内側の壁に反射されて白く見えることになるでしょう。

図28　ヤマザクラの気孔の予想図

日光を反射する気孔の孔辺細胞と副細胞が高い密度で分布すると考えられる。

　もし、ヤマザクラの葉裏の気孔が他のサクラより大きく、密度が高いとすると、反射する光はより強くなり、葉裏が白っぽく見える原因になると考えられます。この時の気孔は顕微鏡で観察すると図28のようになるでしょう。

④光合成と呼吸

❀ 生長のための光合成

　葉の働きは、良く知られているように、光合成をすることです。根から吸い上げた水と空気中の二酸化炭素から太陽のエネルギーを利用して澱粉や糖類などの栄養を作ります。もちろんこのような化学変化には、根から吸い上げた水も必要です。サクラの葉は単葉でかなり大きく、平たい楕円形の形で、表面を太陽に向け、葉柄がしっかりしています。このような葉は、太陽の光を十分受けられるように適応しています。しかし、葉の表面には太陽の光だけでなく、害のある紫外線も当たります。そこで表面のワックス(クチクラ層)で紫外線を反射して防ぎ、その下の表皮を守ります。表皮細胞の下の柵状組織が、澱粉工場です。柵状組織の下には空間の多い海面状組織があり、水分や糖をためておきます(→P103)。

　樹木は春から夏にかけて、葉を多く茂らせ、枝を伸ばし、幹を太らせ、樹体を作ります。サクラの仲間は成長が早いので、特に春か

ら夏にかけて良く成長します。しかし、夏になる頃には成長が止まります。幹の年輪を見ると、春から急速に材の幅が大きくなり、夏には幅が小さくなって年輪界(→P137)となることが分ります。

✤ 栄養を蓄えるための光合成

　樹木の秋の葉は、幹や枝を伸ばすことはあまりありません。目に見えませんが、春の葉とは違った重要な働きをしています。それは、翌年の春に花を咲かせ、新芽を伸ばすための栄養を蓄える働きです。夏に分化した花芽も秋の間に成長してきますので、その栄養も必要です。

　サクラの幹や枝の樹皮の内側には、材と師部を分ける形成層があります。形成層は自ら分裂して外側に師部の細胞、内側に材の細胞を作り出します。師部の細胞は柔らかい細胞壁の師部と師部柔組織を作ります。師管は葉で作られた澱粉や糖分を根に運搬して根に蓄えると同時に、師部柔組織に貯えるのです。また、形成層は内側に新しい材の細胞を作ります。その中から木部柔組織が産まれ、そこにも栄養を蓄えます。

　夏に暑く乾燥した日が続くと、サクラの葉は気孔を閉じて蒸散を減らしますが、さらに根からの水が不足すると、葉がしおれ、最後には落ちてしまいます。そして秋になると、枝からまた新しい若葉を出します。これを二度伸びといいます。二度伸びは、樹木にとって大きな負担ですが、秋の栄養確保の為の必死の努力の現れです。

　果樹のオウトウは、果実生産はほとんど前年の貯蔵養分で賄われると考えられ、9月下旬から10月上旬の元肥を主体とします。モモやスモモでは、早春の成長に効果があるよう元肥を11〜12月とし、8〜9月に秋肥を与えます。

✤ 水を巡らせる蒸散

　樹木の葉は、光合成をする他に、呼吸のために酸素を取り入れ、蒸散によって水分を空気中に吐き出します。これらの働きは、桜では葉の裏にある気孔と樹皮の皮目を通して行いますが、気孔によるものが主です。特に、蒸散による水の量は莫大で、この働きによって根から吸収した水を高い樹木の頂端まで運ぶことができるのです。

　樹木の頂端の葉の水が蒸散で失われると、その分だけその葉にある細い水を送る管の水が上へ移動します。すると、その管の中に

図29　樹体を流れる水の動き

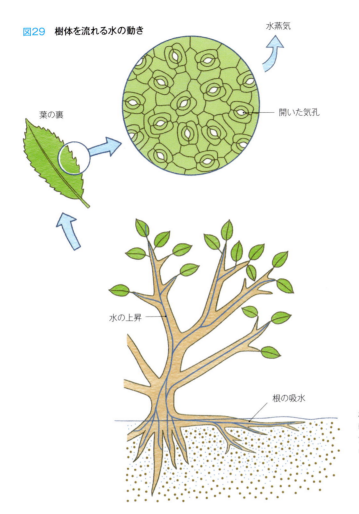

根から吸い上げられた水は、幹や枝の道管を通って葉裏の気孔から水蒸気となって空気中に発散する。

空洞ができそうになりますが、その空洞を埋めるように、そのすぐ下の水が上に少しだけ動きます。それと連動してその下の水が上に移動します。細い水の管は途中に真空ができないように水が動くしくみです。それが連なって、地面下の根の水をはるかに高い梢に運ぶのです(図29)。

ヨーロッパでは、高さ2mの若いリンゴの樹木は、夏に7,000リットルの水を蒸散させるそうです。大きな落葉樹では40,000リットルにもなります。この蒸散で、夏は太陽熱による過熱を防ぐのです。*2-4-8

*2-4-8
(トーマス、2001)

最低気温が8℃になると紅葉しはじめ、そこからさらに下がるとぐっと紅葉が進むという。

5 落葉

❋ 紅葉と黄葉

　サクラの葉は秋になると、紅葉と黄葉になります（常緑の種を除く）。葉緑素で隠されていた赤色や黄色の色素が見えるようになるからです。紅葉は、光合成で葉にたまった糖分が赤い色素と結びつき、アントシアンという物質ができたことが原因です。それより前に、葉には大きな変化が起きています。葉柄に葉を切り離す細胞の集まり（離層）ができるのです。そのために枝から葉への水が止り、葉緑素は消えてしまいます。また、光合成でできた糖分が枝や根に移動できず、葉に溜まってしまうのです。黄葉は緑色の葉緑素が無くなり、緑色で隠されていた別の色素が現れたものです。色素はキサントフィル（カロテノイドという色素の仲間）で、元々葉が持っていたものです。

　一本の樹木でも、一枚の葉でも紅色になったり、黄色になったり、あるいは斑になったりします。日なたの葉で、日光を浴びて澱粉（糖分）が多い場合は紅色になります。部分的に他の葉の影になった場合は、葉に日が当たったところだけが紅色になります。

　紅葉の色は秋の天気具合によっても影響されます。晴天で強風の吹かない日が続いて朝夕の気温の変化が大きい時にいちばん紅色が鮮やかになります。日中に葉にできた澱粉が夜の気温低下で保存されるからです。

❋ 落葉のしくみと意味

　日本のような温帯では、落葉樹は秋になると落葉します。葉柄の基部に離層という組織ができて、そこから葉は離れて落ちます。葉柄の細胞は柄に沿って細長いのですが、離層は丸みを帯びた薄い柔細胞が数列並んでできています。加水分解酵素の働きで、離層の柔細胞の薄い壁が壊れると、落葉します。

　温帯では、落葉は冬の寒さをしのぐため、秋に起こります。また、落葉は雨期と乾期のあるモンスーン地域の乾期にも起きます。ヒマラヤザクラは、10月頃から始まる乾期によって乾燥が進む中で、落葉とそれに続く新葉展開と開花を行います。さらに、温帯域で異常な夏の乾燥によっても落葉が引き起こされます。熱帯で一年中雨が降る地域では、落葉樹はごく少数です。日本の常緑性のサクラであるバクチノキとリンボクは熱帯の樹木的でもあります。

Column

冬も葉をつける落葉樹

　落葉樹は、生育に適さない季節に全ての成葉を落としますが、冬でも枯れ葉をつけたままの樹木もあります。良く知られているのは、ブナ科のブナ属やミズナラ属の樹木で、ブナやカシワの葉は春まで枯れ葉が残っています。葉柄に離層ができないからと説明されて来ましたが、離層の形成がゆっくりで、秋遅くに離層の形成が始まり、厳冬期には一休みし、春に形成を再開して落葉するといいます。これによって新しい芽を保護することができるのです。シナマンサクやロウバイは、12月末から開花するまで枯れ葉が枝に残っていて、開花中に徐々に落葉します。

　ヤマツツジやエゾムラサキツツジは落葉期にも一部の緑葉が残る半落葉性です。北半球の冬の寒さが明瞭な温帯では落葉樹が多いのですが、さらに北方や高山の生育期間の非常に短い地域では、再び常緑樹が現れます。短い生育期間に葉を落としたり伸ばしたりするのが不経済だからと考えられています。日本の亜高山のツルツゲはそんなつる性の木本です。さらに、暖かい日本の暖温帯には、秋の初めに、柔らかい葉を伸ばしてそのまま冬を越して、夏に落葉するナツボウズ（オニシバリ）という落葉低木もあります。

*2-5-1
(トーマス、2001)

図30 長く伸びる枝（長枝）の作り

aは長枝全体、b〜dは角度を変えて芽を見たもの。eでは、葉柄の腋に側芽ができており、これを腋芽という。

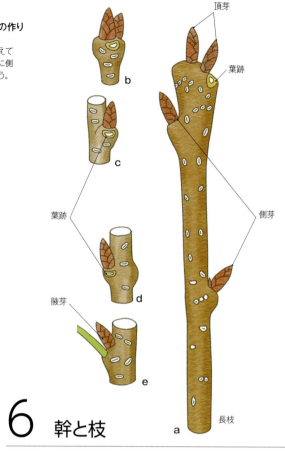

6　幹と枝

①骨格を作る長枝

✤ 頂芽と側芽

　サクラの枝の先を見ると、左右に互い違いにでる葉をつけた長い枝があります。これを長枝と言います。秋、落葉後に見るとその作りが良く解ります。長枝の先にはチョコレート色の芽鱗で覆われた頂芽が1〜4個くらい並んでいます。頂芽の下の枝の部分には、一定の間隔で側芽が並んでいます**(図30)**。円錐形で先が尖ったのが芽で、芽の下の二重丸は落ちた葉の葉柄の跡（葉跡）です。　b、c、dは、aを裏側から見た図で芽の下の葉跡が見えます。eは葉が落ちる前の芽の様子です。葉が落ちる前に、側芽は葉柄のすぐ上の小枝の

図31 頂芽型と仮頂芽型

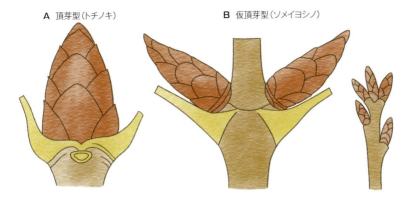

A 頂芽型（トチノキ）　　B 仮頂芽型（ソメイヨシノ）

部分から伸びています。枝につく側芽は必ずこのように葉柄の腋（葉腋）にできます。それで、腋芽（えきが）ともいいます。頂芽も同様で葉柄の腋から出ます。葉腋という一定の場所から出るので、定芽ともいいます。定芽であるという点では、頂芽も側芽も同じです。側芽の出る位置を節、側芽と側芽の間の枝の部分を節間といいます。

✽ 頂芽優勢と頂芽制御

　春が来ると、頂芽は、頂芽の下方に並んでいる側芽が伸びを抑えて、強い勢いで伸びだし出します。これを「頂芽優勢」といいます。長枝は春から夏にかけて1mも伸びます。さらに頂芽は側芽の成長を制御する働きがあります。これを「頂芽制御」といいます。つまり、頂芽はわがままな王様で、側芽は家来のような存在です。王様は大威ばりで働き長い枝を作り、家来は、王様の許しが出ないので動けず、動いてもあれこれ干渉されます。*2-6-1

*2-6-1
（トーマス、2001）

✽ 頂芽型と仮頂芽型

　頂芽の活動には二つの型が知られています（図31）。ハリギリやトチノキなどの頂芽は大きく、春から夏の間の短い一ヶ月くらいの間に一気に枝を伸ばします（頂芽型A）。これに対し、サクラやヤナギは、春早くに頂芽の活動が起きますが、その活動はすぐに止まって頂芽は退化します。そして、頂芽の近くの側芽が活動を続けます。このようにして、側芽が頂芽と交代して仮頂芽となって枝を伸ばしますが、やがて仮頂芽の近くにできた腋芽が交代して、次の仮頂芽となって

*2-6-2
(深澤、1997)

枝を伸ばします。こうして夏に向かって数ヶ月も成長を続けます（仮頂芽型B左）。元々は腋芽であった、幹の頂きの中心から外れた仮頂芽が伸びるので、幹はジグザグに曲がって伸びるのです。サクラの仮頂芽によって作られる長枝は桜の骨格を作り、空間を占領する働きを担います。*2-6-2

仮頂芽型の枝では、頂芽のすぐ横に腋芽があります。それも一つだけではなく、3〜4個もできる場合があります（B右）。これらの腋芽が仮頂芽の活動を引き継いだ時、幹の頂きに頂芽がある場合、幹から枝分かれが始まると考えられます。垂直に立つ幹は何本かの大枝に分かれ、どれが本来の幹かどうかが分からなくなるのです。

図32　短枝の作り

②肉を作る短枝

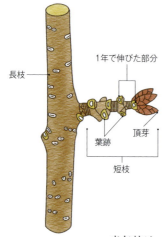

春から夏に伸びた長枝を当年枝と言います。その下の少し太い枝を2年枝、さらにその下を3年枝と言います。2年枝以上の枝には短い小枝である短枝と長枝が伸びて来ます。短枝は1年にわずかしか伸びません。枝から伸び出した所には葉の跡と横筋が数本あります。横筋は芽鱗が落ちた跡です。横筋の下方に芽鱗の残りがついていることもあります。横筋の上に葉の跡が幾つかあります。ここまでが短枝が1年で伸びた目印です。3年枝の目印は横筋の集まり三本と来年開く頂芽です(図32)。短枝には多くの葉芽と花芽ができ、葉を茂らせ、花を咲かせるのが役目です。

当年枝は、次の年になると多くの短枝を出します。仮頂芽が腋芽の成長を邪魔する働きは、仮頂芽から遠くなると弱くなります。家来にも成長のチャンスがきたのです。頂芽から離れた所の短枝は時期到来と長枝に変身して伸びはじめます。この二番手の長枝は、最初の長枝に対して広い角度で伸びて、たくさんの短枝を作ります。

長枝は樹木の骨格を作り、短枝は肉である花と果実と葉を作ります。平面的に広がる長枝と短枝が一枚の「枝の網」を作るのです。若いサクラの枝の網は年々驚く程の早い速度で成長します(図33)。成長した元気いっぱいの桜は数本の大枝から「枝の網」を何段にも広げて空間を占領します(次頁)。

図33　サクラの枝の伸び方

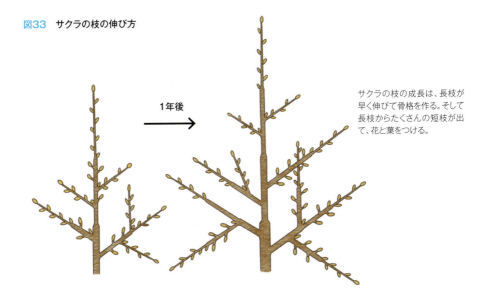

サクラの枝の成長は、長枝が早く伸びて骨格を作る。そして長枝からたくさんの短枝が出て、花と葉をつける。

2009年4月2日撮影。土手から下方へ枝を展開している。このように、ソメイヨシノの枝は網のように広がる。

　サクラは太陽のエネルギーを多く必要とする性質があります。そこで、「枝の網」につけた多くの葉が効率良く働くようにできています。樹形から突き出すように伸びる長枝には、普通より大きな葉が平面的に開いて太陽の光を受け止めます。無数の短枝には、普通サイズから小型までの数枚の葉が重なり合うように着いています。このようにして大きな「葉の網」を作り、全体で太陽の光を受け止めるのです。

2010年3月11日撮影。ソメイヨシノは、幹の根際から数本の大枝に分れ、横に広がって扇を開いたような樹形になる。

③桜の樹形

　園芸品種のソメイヨシノや野生種のオオシマザクラなど多くのサクラは、直立した幹の左右から枝が出る、クリスマス・ツリーのような樹形を作りません。幹は垂直ですが、地上5m以下で、斜め上に伸びる幾本かの太い枝に分かれ、太枝から広い角度で中小の小枝を伸ばします。そして、前述したように一種の「枝の網」を作ります。この「枝の網」は、太い枝から幾段も樹木の外側に向かって張られます。その結果、横から見ると、逆三角形で扇を開いたような樹形となります。

　この樹形は、素早い枝の伸びを利用して、他の樹木より先に枝を張って、空間を占領してしまうサクラの性質を示しています。野生のサクラは、森林が山火事で失われたり伐採されたりした場所で、二次的にでき上がる若い林に数多く生育します。他の樹木との激しい空間争奪戦を繰り広げながら、自らの樹形を発達させているのです。

　オオシマザクラの血を引くソメイヨシノやサトザクラは、よく公園や道路脇に並木として植えられています。「枝の網」を十分張れるような空

2008年3月17日撮影。静岡県、修善寺境内の修禅寺桜。シュゼンジカンザクラ(園芸品種)の花(上)と樹形(下)。花は濃い桃色で、枝は横に広がらず、立ち上がって伸びる。

間を持っている若木のうちは機嫌良く成長しますが、お互いの枝が触れ合うようになると、様子が変わります。本来、横の空間を欲しがるこれらの桜は、上に伸びる他、空間の確保が難しくなります。しかし、あまり高くは伸びられません。林として植えられたサクラは結局、樹木の先端部分にわずかな枝を張るだけの樹形となり、やがて樹勢が衰えます。

一方、野生種のヤマザクラやエドヒガンの幹や枝は、上に伸びる傾向が強い桜です。このような幹と枝の伸び方を「立ち性」といいます(上、右)。園芸品種の「天の川」や「修善寺寒桜」は立ち性の強い桜です。

④モモとオウトウの園芸技術

モモは幹があまり高くなりません。幹から出る枝は下枝の方が勢いよく伸びます。また、日本では夏の強い日射で樹皮が焼けて割れることがあります。原産地である中国黄河上流の厳しい乾燥と低温の環境に適応した性質を持っているのです。その為、幹の下の方で剪定し、下枝を2本活かしてV字型の樹形を作って栽培します。夏の日焼けにも注意して葉が茂るように管理します。

オウトウには、逆に幹がどんどん伸びて高木となる性質があります。オウトウはイラン北部〜ヨーロッパ西部の原産で、やや温暖な山地が原産です。オウトウの栽培は、幹の高さを制限して横枝を活かす樹形にし、屋根が有って横が開く、風の通る栽培ハウスで育てます。日本ではサクランボが実る時期に梅雨となりますが、雨が多いと実割れが起きるからです。

このように、樹木本来の性質を見極めたサクラ属の果樹の栽培が行われています。その技術は後で述べるように、サクラ守りに活かされているのです。

⑤接ぎ木と挿し木

接ぎ木と挿し木は、園芸品種を殖やす方法です。接ぎ木は、根のついた桜の若木（台木）の幹や枝の切り口に、別な種類の枝（穂木）を切って接ぐものです。穂木は少し長い小枝を使う「切り接ぎ」と、芽を中心に小さく切って接ぐ「芽つぎ」があります。台木と穂木の形成層という組織をピッタリと接触することが大切です。形成層は、樹皮の内側にある甘皮と呼ばれている部分の一番内側で、材と樹皮の間にある薄い細胞層です。形成層は盛んに分裂して新しい材を

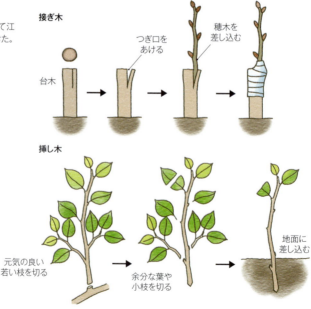

図34　接ぎ木と挿し木
種子によらない繁殖法として江戸時代から盛んに行われてきた。

内側に、栄養が通る師部という組織を外側に作る重要な部分です。

　一昔前は、ヤマザクラの台木にソメイヨシノを接ぎ木することが行われました。現在、かなり大きくなったソメイヨシノの右の枝にはヤマザクラの花が咲き、左の枝にはソメイヨシノの花が咲いているサクラを稀に見かけます。接ぎ木は、穂木の成長が優勢になって台木の特徴は現れないのですが、台木の成長も旺盛の場合、妙なことが起きるのです。現在は、台木にマザクラ（真桜、シナミザクラとサトザクラの雑種）を使います。この方の結果が良いのです。

　挿し木は花芽の無い若い小枝を直接土に差し込んで発根させる方法です。いずれの方法も、受精という遺伝子の組み換えが起こらない栄養繁殖で殖やすので、同じ遺伝的な特徴を持ったサクラ（クローン）を殖やすことができます。

⑥組織培養でクローンを作る

✼ 京都醍醐寺の八重紅枝垂

　京都市伏見区にある醍醐寺は、平安時代初期の貞観16年（874）に創建された真言宗醍醐派の総本山です。平安時代から桜の名所として知られ、桃山時代には豊臣秀吉によって三宝院の建物と庭園が造られ、畿内から蕾のあるサクラ700本が移植されて、慶長3年（1598）の春に盛大な花見の宴が催されました。そして、現在も桜の名所として名高く、三宝院庭園には有名な「土牛の八重枝垂桜」があります。このサクラ株は秀吉の醍醐の桜の末裔と伝えられ、著名な日本画家・奥村土牛（1889〜1990）が晩年に見事な日本画でその美しさを表現したことで知られています。醍醐寺では、組織培養の技術でこのサクラ株のクローンを作れないかと、住友林業筑波研究所に依頼しました。

　筆者は、研究所を訪問して、中村健太郎研究センター長と中川麗美研究員に話を伺いました。草本では芽の組織を使う組織培養は広く普及していますが、樹木では技術的に難しく成功例は多くありません。中村さんには、熱帯のラワン材の原木であるフタバガキの組織培養を成功させた実績がありました。前例の無い培養を成功させた経験を生かして、「土牛の八重枝垂桜」の組織培養に取りかかることになったのです。

　顕微鏡の下で非常に小さいサクラの芽を切り取り、雑菌やウイル

上はサクラの芽の組織培養。芽の組織が、試験管の中の増殖した様子。験管の中で増やす組織培養は難しい技術。下は、培養によってよみがえった醍醐の桜が、見事に開花した姿。
(写真=中村健太郎)

スに感染しないように細心の注意を払って、寒天培地に植えつけます。培地には栄養として様々な物質を加えますが、その選択が成功を左右します。筆者は顕微鏡のある実験室から、衣服や靴の雑菌やウイルスを除く空気洗浄機を通って、培養室へ入り、光が一杯の中で無数の試験管が並んだ中の培地に、小さな濃い緑色のワカメのような板状のもの（カルス）を観察しました。このカルスから、根、茎、葉が分化してくるのですが、中には白いカビに犯されて死んだカルスもあります(左頁上)。

　中村さんと中川さんは、苦労の末問題を解決し、サクラの根と小枝と葉が出るのを見ることができました。この状態の植物を温室に移すと、新しい葉が出て、新しいクローンが成長するはずでした。しかし何故か、葉は枯れて落ちてしまったのです。仕事に手がつかない悶々とした日々が続きました。ある時、中村さんはバラ栽培の農家が「バラは冬の間に温室の外に苗を出す」という言葉を思い出しました。そこで、ごく若いクローン苗を2週間冷蔵庫で保存した後で温室に出すと、高さ20〜30cmの苗に育ちました。成功です。

　開発を始めてから6年目の3月、苗木に花が咲きました。その年の1月に苗は醍醐寺の境内に移植されました(左頁下)。

❁ 京都北の天満宮の紅梅

　中川さんは、同じサクラ属のウメの組織培養に挑みました。京都市の北野天満宮の御神木で、樹齢300年以上と推定される紅梅です。北野天満宮は学問の神、菅原道真公を祀る全国の天神様の総本社として知られています。梅をはじめバラ科に甚大な被害を与えるウイルス病の無い新しい御神木の株を得て、その保護を目指した取り組みです。

　ウメの芽の先端にある分裂組織はサクラより小さく直径が0.3mmしかありません。実体顕微鏡の下でも、見えない程の小さい分裂組織です。どうやってそれを取り出して培地に移すのか尋ねると、「目でなく、勘です」と答えられました。ここが研究の勘所だなと、筆者は心の中で唸ってしまいました。その後も培地に加える培養液の成分を決める大仕事が続きました。仕事は失敗の連続で、中川さんは「何百通り、いや、千通りもの試行錯誤でした」と述懐されました。そして、ついに苗木を得ることに成功しました。

2009年3月29日撮影。直径50cmのソメイヨシノの幹の根元から小さな萌芽が伸び、花をつけた。

⑦萌芽

❋ **サクラの萌芽**

　サクラは幹の根元や太い枝から芽を出して、それが枝として伸びることがあります。このように、定芽以外の幹や枝から芽を出すことと、伸びた枝を萌芽といいます。枝の頂点にある頂芽と葉柄の根元にある腋芽を定芽といいますが、樹木は基本的に定芽以外の場所から萌芽することはありません。しかしサクラでは、定芽以外の場所から芽が出て枝となることが多いように見えます。幹の根元から多数の萌芽が出て、幹の周りに藪ができたようになることもあるのです。

　樹木の萌芽には、定芽以外の場所から芽が出る不定芽萌芽があります。また、腋芽が動き出さないで幹や枝で眠っている潜伏芽というものもあり、それが芽を吹くこともあります。例えば、薪炭林として繰り返し幹が切られるクヌギやコナラの樹木は、切り株から数本の萌芽が出て、それらがまた大きく成長します。その萌芽は、潜伏芽から出ることが多いといわれます。サクラは、幹の伐採とは関係なく萌芽が起きるので、不定芽の萌芽のように思えます。ソメイヨシノの太い幹から出た小さな萌芽に可愛らしい花をみることもあります。

❋ **狩宿の下馬桜の復活**

　富士山の西麓、富士宮市狩宿にある国指定特別天然記念物「狩宿の下馬桜」は、かつて樹高35m、幹周囲3.5mもある巨木で、樹齢800年余、日本最大のヤマザクラと言われました。建久4年（1193）、富士の巻狩りの際、源頼朝がこの地で馬を下りたという

2008年4月15日、狩宿の下馬桜。かつて日本最大のヤマザクラといわれた巨木で、根元から折れた後に復活した。萌芽によると考えられる。

のでこの名前があります。また、頼朝がこの桜の枝に馬を繋いだというので、「駒止の桜」とも呼ばれています。

しかし、昭和8年（1933）から昭和28年（1953）にかけて3回もの暴風雨に襲われ、幹が倒れて失われました。残った根株から若芽が伸び、現在は樹高8mになるまで復活したと言われています。残念ながら復活の詳細な様子は知られていないようです。

筆者は根株の幹からの萌芽によるものではないかと思います。しかし、後の述べるように根からの根萌芽かもしれません。

⑧枝垂桜

❁ 枝垂れるサクラ

桜の樹形として独特の美しい姿を作る枝垂は興味深いものです。シダレザクラは、奈良・平安の頃から知られる種類です。イトザクラとも呼ばれ、その美しい姿が愛されてきました。秋田県角館の枝垂桜、福島県三春の滝桜、京都祇園の枝垂桜、京都常照時の九重桜などは、枝垂れる花枝の美しさが毎年多くの人々を魅了しています。エドヒガンに出現した枝垂れの性質は、サクラを鑑賞する点では、非常に大切な要素といえます。[*2-6-3]

[*2-6-3]
(井筒、2007)

2006年4月23日撮影。左頁は高遠のシダレザクラ。高く伸びる枝と細く垂れ下がる枝に下向きに咲く花が美しい枝垂の姿を作る。
右頁はシダレザクラ(一重)の枝垂れる小枝と花。

　エドヒガンの園芸品種には、枝が枝垂れるものがあります。シダレザクラ(*Prunus pendula* 'Pendula'、ベニシダレ(*Prunus pendula* 'Pendula-rosea')、ヤエベニシダレ(*Prunus pendula* 'Plena-rosea')などです。これらの「枝垂桜」は、現在各地で広く植えられています。オオヤマザクラ(エゾヤマザクラ)に由来するシダレオオヤマザクラ(*Prunus sargentii* f. *pendula*)もありますが、非常に稀な種類です。園芸的に鑑賞価値の高い「枝垂桜」はエドヒガンが産みの親で、ヤマザクラやオオシマザクラではないといえます。

❋ メンデル遺伝説

　枝が枝垂れる性質は、この性質を担う遺伝子が劣性ホモになった場合に発現すると説明されています。それによれば、同じサクラ属のモモで枝垂れモモが知られ、その枝垂れは枝の正常型がAA（優性ホモ）であるのに対し、枝垂れ型はaa（劣勢ホモ）で、メンデル遺伝学でいう優性の法則に従って遺伝します。このことからオオシマザクラとエドヒガンの人工交配で作られた園芸品種であるミカドヨシノ(*Prunus×yedoensis* 'Mikado-yoshino')の枝垂れ遺伝子の型はAa（優性ヘテロ）で、そのためにミカドヨシノの枝は枝垂れにならないといいます。エドヒガンに見られる枝垂が、このような劣勢ホモの遺伝子型を持ち、メンデルの優勢の法則に従って遺伝するのであれば、野生のエドヒガンや栽培されたエドヒガンの実生から枝垂株が生ずる可能性があると考えられますが、実際にそうであるか不明です。

*2-6-4
(染郷、2000)

❁ 強風環境適応説

　枝垂れる枝は、台風のような強風を細くしなやかな枝で受け流すためではないかという考えがあります。シダレヤナギは、中国南部の揚子江流域の原産で、正常なすべての株が枝垂の性質を持ちますから、この考えには一理あるように思われます。しかし、その生育地が特に常時強風が吹く地帯かどうか、またその強風への適応なのか、には疑問があります。また、他の樹種は、正常でない稀な個体として枝垂が見られるので、自然環境への適応と考えるのには無理があると思います。

*2-6-5
(染郷、2000)

❁ 遺伝子突然変異説

　遺伝子突然変異は、有性生殖に関係する精子や卵という生殖細胞内に起きる変異と体細胞でおきる遺伝子変異に分けられますが、自然界では10のマイナス7～5乗という非常に低い確立でしか起きません。非常に珍しく生じた枝垂株を人間が上手に栄養繁殖で殖やしてきた結果ということになります。多分、モモと同じサクラ属のエドヒガンを起原とするシダレザクラ、ベニシダレ、ヤエベニシダレも同様と考えられます。しかし、シダレザクラが奈良時代から知られるということは、挿し木や接ぎ木の技術が当時からあったということでしょうか。それは不明です。

❁ 枝垂の原因　突然変異・ジベレリン不足複合原因説

　この説は「サクラ属の枝垂れは突然変異によって生じ、普通に上の方へ伸びる立ち性のサクラは、光合成のためにそのように伸びるのであり、茎(幹)が傾くと重力刺激に応答し、引っぱりあて材で元に戻す。しかし、下の方に枝が伸びる枝垂れ性では、突然変異のために光合成の目的を達成できず、ジベレリン不足により姿勢制御ができない。」と図入りで説明されています。

　この説の、上に伸びる立ち性の樹木は光合成のために上に伸び、枝垂れは突然変異のために光合成の目的が達成できないという説明は理解できません。枝が上に伸びようと枝垂れようと、そこには多くの葉がついて普通に光合成をするからです。また、立ち性の茎(幹)はあて材で傾きを直し、枝垂れ性の枝はジベレリン不足で、枝を制御できないという説明は、片方は幹の組織の構造の話で、他方は枝のホルモン不足という生理的な問題です。この説明には論理的な

*2-6-6
(中村、2010)

整合性がありません。

❋ 立ち性の枝と枝垂れる小枝の二要素が原因？

　一般的に、枝垂は「直立する樹木において、機械的な支持組織の発達が弱く、枝が水平の位置より下方に向かって伸びる状態」と理解されています。機械的な組織は、幹や枝を物理的に加えられる力に対して強く丈夫にする組織で、木部の細胞壁に蓄積されるリグニンや、材の縦、横に作られる繊維組織などです。

*2-6-7
*2-6-7
(清水, 2001)

　枝垂を考える場合、枝垂れる枝のみに注意が向けられがちです。しかし、様々な樹木の枝垂の様子を比べると、上記に「直立する樹木において」とあるように、幹や太枝は正常の株と同様に高木になるまで直立的に成長し、数多く出る枝先が枝垂れるという樹種が大部分です。つまり枝垂の株は、直立的な大枝と枝垂れる小枝という二つの異なる成長様式を持つ枝で構成されているのです。そして、エドヒガンの枝垂れもこのような成長をするといえます。

　エドヒガン由来のシダレザクラでは、地面近くから数本の大枝が上に向かって樹木の骨格を作り、枝の先に花を着ける小枝が下に向かって群がり生えています。しかし、公園などで見られる樹高5m位の若い株でも、幹と大枝が上に伸び、枝先が垂れています。成長のどの段階で枝垂が生じ、それが株の成長と共にどのように推移するか、興味がそそられます。

　エドヒガンは、樹高20mになる高木です。岐阜県の根尾薄墨桜は、樹高23mもあります。この高さは日本の森林の高木林の代表的な高さで、高木となる樹木の中で決して低い値ではありません。この高さはソメイヨシノのほぼ2倍で、数本の直立的に伸びる大枝が樹冠を支えています。日本最大と言われる山梨県の山高神代桜は、水平に伸びた大枝が途中で90°近く上に向けて曲がって直立的に伸びています。また、緩い角度で斜上する枝の途中からヘビが鎌首をもたげるように急角度で上に曲がって伸びている様子も観察されます。

　シダレザクラには、エドヒガンの直立的に伸びる大枝と、途中から急角度で上に曲がって伸びる枝が見られます。この性質によって樹高20mの骨格が作られています。この骨格の先に枝垂れる枝がたくさんできることによってシダレザクラの樹形が完成されるのです。シダレザクラは、このエドヒガンが持つ特徴的な強い立ち性の枝と、その先に枝垂れる細い枝の二つの要素からできているのです。

2015年6月22日撮影の三春の滝桜。樹齢1000年。濃い緑の葉に覆われている。

　その美観が喧伝される福島県三春滝桜は、シダレザクラの極致です。樹高13.5m 、枝の広がり東西25m、幹の直径は約3m、枝の広がり東西25m、南北約20m、樹齢1,000年といわれる名木です。数多くの枝垂枝に無数の葉が茂って二段の大筵を広げたように見えます。この筵から突き出た枝から笠のように枝垂枝が伸びています。樹勢は旺盛で黒い小さなサクランボが沢山実ります。幹は岩のように凹凸があり、根元から大きく二分しています。根元に小さな祠がまつられています。

✿ 枝垂の小枝から立つ枝へ

　シダレザクラは、ごく小さい若木の幹は真直ぐに伸び出しますが、樹高が1mくらいになると、幹から伸びる枝は枝垂れてきます。また、幹のテッペンの細い部分もご免なさいをするように下を向いてきます。枝垂れた枝は将来大枝として樹体を20mの高さまで支えなければならない主要なものかも知れません。枝垂れたままではシダレカナダツガのように地に伏して一生を終えなければなりません。そのためシダレザクラの栽培では、幹に添え木をして幹が上に良く伸びるようにしたり、横枝が枝垂れた枝として奇麗に伸びるように幹の方へ紐で引っ張ったりして誘引します。

2015年6月22日撮影。三春の滝桜では、直径3mの幹の根元に祠が祀られている。

シダレザクラの幹と枝の伸び方は複雑です。以下に、図35を使って詳しく説明します。

aは、高さ50cmの苗です。多分種子が芽生えて2年目の夏です。幹が真っすぐ伸びて、先端は枝垂の特徴が出て曲がっています。

bは幹の高さは1mを越え、1年後の夏までに枝が伸びてきました。幹が太くなり、幹の太さは枝の前後ではあまり変わりません。枝は長枝で、水平に伸びて先が少し下を向いて枝垂の性質が出ています。

cは2～5年後くらいの夏の枝の様子です。幹はさらに高く、太くなりました。枝の先は幾つにも分かれ、小枝は枝垂がはっきりしています。枝の根元はわずかに上向きです。一番長い小枝は長枝の先から最初に伸び出した枝です。頂芽優勢・制御の力が効いて、他の小枝は頂芽から離れたところから何本も伸びます。そして、最初に伸びた長枝が枝全体をリードして伸びて行きます。

dはさらに数年後の夏の様子です。最初の枝の根元がはっきりと上に向いて、太く成りはじめました。エドヒガンの「立ち性」の性格が現れてきたのです。

50cmほどの苗から枝垂枝が出て、10～20年かけて伸びる過程を表したもの。幹から伸びた枝の先が枝垂ながら、やがてその根元が上向きに伸びて行き、a～fのような過程を経て枝垂枝が成長する。

図35 シダレザクラの枝垂枝の成長

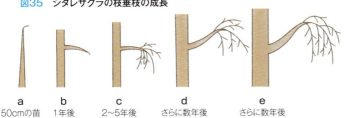

a 50cmの苗　b 1年後　c 2～5年後　d さらに数年後　e さらに数年後　f さらに数年後

2014年1月16日撮影。蛇が鎌首を持ち上げるような、特徴的なジグザグの枝がよくわかる。

　eはさらに数年後の夏の様子です。枝の成長のパターンは前年と同じですが、枝の根元が太くなり上向きの傾向が強まりました。
　fは、さら数年後の夏の様子です。cからfに至る実際の年数は分りません。個体のある土壌や、周囲の環境などが異なると、それに応じて年数が変わります。fでは、蛇が鎌首を挙げるように曲がりながら上に伸びる枝の基部とその先から枝垂れる小枝の群れで作られています。こうして立つ枝と枝垂れる枝の組み合わせで、枝垂ザクラの樹形が作られるのです。
　枝垂は、直立する樹木において、機械的な支持組織の発達が弱く、枝が水平の位置より下方に向かって伸びる状態です。直立するのは幹と樹木の骨格を作る太枝で、枝垂れるのはその先端から枝垂れる小枝です。幹と太枝はエドヒガンが本来持っている「立ち性」の遺伝子が働いて、枝の下側の成長が上側より盛んになることによって起きるのですが、それは直接的には、植物のホルモンであるジベレリンの作用なのでしょう。小枝の機械的組織が弱く枝垂れるのは、エドヒガンに突然変異として産まれた「枝垂性」の遺伝子が働いて、ジベレリンが効かなくなるからでしょう。
　実際に、上に向かって曲がりながら伸びる太枝と枝垂れる小枝の組み合わせは、冬枯れのシダレザクラで良く観察されます。

7　樹皮

①木を守る皮膚

❋ 一般的な樹皮

　樹皮は人間の皮膚のようなものです。地上部の幹と枝の全てを覆って樹木の内部を保護しています。樹木の樹皮の一般的なつくりは図36のようになっています。

　発芽したばかりのごく若い茎の横断面を見ると、中心に材になる木部があり、その外側に細胞が1列の形成層を堺にして師部があります。師部の外側には、多列の細胞から成る皮層があります。皮層の外側には、まだ樹皮とは呼べない1層の細胞の表皮があります。この表皮は仮の樹皮です。

　若い茎が太くなるのは、形成層によって内側に材が、外側に師部の細胞が作られることによります。この結果、皮層と表皮は内側から押し広げられ、破れることになります。表皮が破れては大問題です。そこで、皮層の一番外側に、新しく本当の樹皮をつくるコルク形成層ができます。

　コルク形成層は外側にコルク組織を、内側にコルク皮層を作りま

図36　一般的な樹皮の作り

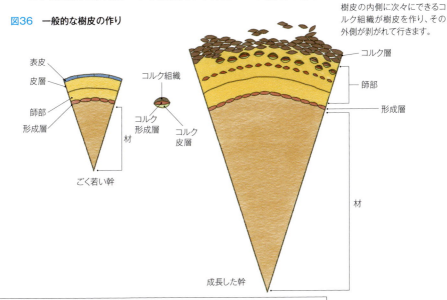

樹皮の内側に次々にできるコルク組織が樹皮を作り、その外側が剥がれて行きます。

す。内側から順にコルク皮層、コルク形成層、コルク組織ができて、三者をまとめた周皮になりますが、間もなく成長を続ける内側から押し出されて、周皮は死んだコルク層だけになり、剥げ落ちてしまいます。その後で、皮層に新たな周皮が次々と作られては、剥げおちてゆきます。

一番内側の若い周皮から外側の古い死んだ周皮の部分を外樹皮と呼び、若い周皮の下のコルク皮層から形成層までを内樹皮(甘皮)と呼ぶこともあります。甘皮の部分の多くは師部の細胞からできていて、葉で作られた糖分や澱粉が幹や根に送られる通り道となります。

*2-7-1
(濱谷、2008)

*2-7-1

❉ サクラやシラカバの樹皮

サクラやシラカバの樹皮は、特徴のある作りをしています。師部の外側の皮層にコルク形成層が作られるのは他の樹木と同じですが、この層はその下の形成層と同じように多年にわたって細胞分裂を続けて、外側にコルク組織を、内側にコルク皮層を作り続けます(図37)。コルク組織の細胞は横に長く、細胞壁が薄く、半透明のチョコレート色で、コルク組織を作ります。コルク組織の細胞が横に長いので、サクラの樹皮は横のひっぱりに耐える力があります。また、細胞の間にスクレレイドと呼ばれる刺のある細胞ができて、この働きでコルク組織は薄い博片に剥がれて落ち、厚い外樹皮になりません。サクラの若い幹や枝(芽生えから50年位まで)の樹皮がチョコレート色で、艶があってとても奇麗なのは、このためです。しかし、古い枝や幹になると、新たな樹皮が古い樹皮を破って現れ、ゴツゴツした粗い樹皮になります。

他の樹木では、皮層に次々とコルク形成層ができてコルク組織を外側に押し出し、自らも死んで、厚いコルク組織から成る外樹皮を作ります。

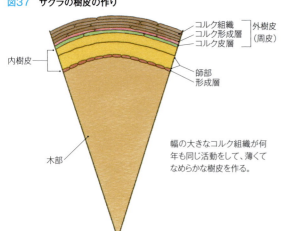

図37 サクラの樹皮の作り

2012年10月13日撮影。サクラの樹皮には横筋が沢山あり（左）、これを皮目という。樹皮を剥がして内側から見ると皮目の穴を見ることができる（右）。

②光合成をする樹皮と甘皮

　サクラの若い枝は、葉がまだ開かない早春に太陽の光を受けて光合成をします。それは、周皮の内側のコルク皮層に葉緑体を持っていて、半透明のコルク層を通して太陽の光を受けることができるからです。二酸化炭素は皮目から取り入れられ、水は根の働きで地下から吸い上げます。カワズザクラの若い木の幹の皮目は横に長く連なった筋で、樹皮の内側から鮮やかな茶色のコルク組織が盛り上がっています。

　若い枝の樹皮をカミソリで削ると、コルク皮層の葉緑素の色が見えます。樹皮を剥いでコルク皮層の内側から見て、茶色の薄い膜を取り除くと樹皮に開いた穴が見えます。

　こうして、サクラはクリやブナノキなど他の樹木が休眠している内に目を覚まして活動する性質があります。また、夜間は皮目から酸素を取り入れて呼吸もできるのです。皮目は薄いフワフワしたチョコレート色の膜が何枚もある孔で、樹皮を貫いて内部に達しています。

　甘皮と呼ばれる内樹皮は、皮層と師部と形成層からできています。師部は甘皮の本体で、葉で作られた澱粉や糖分などの栄養を根に運ぶ重要な働きをしています。また、秋の葉の光合成で作られた糖や澱粉などの栄養分を貯蔵します。熊や鹿などはこの甘皮を狙って樹皮をかじるのです。甘皮の一番内側にある形成層は、樹木を大きくする働きの根幹を担う組織です。盛んに細胞分裂を繰り返し、新しい材を内側に、師部を外側に作ります。

図38 サクラの材の作り

材を木口・板目・柾目で切って（a）、拡大して見ると（b）、材は様々な細胞が縦横に組合わさって出来ていることが分る。

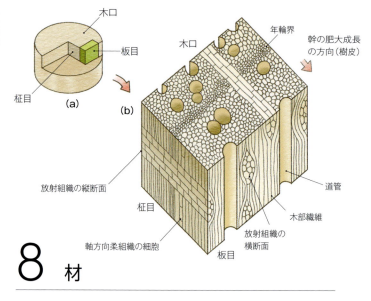

8 材

①樹体を支える構造

❋ 木口、柾目、板目

　高さが8m以上になる高木のサクラは、幹と枝を空中に伸ばすことによって空間に生活の場を持つ樹木の仲間です。それを可能にするのが、固い材です。

　一般に樹木の材は、細長い細胞が集まった組織からできています。幹や枝を横に切った断面を「木口（横断面）」、幹や枝の中心を通る線で縦に切った断面を「柾目（放射断面）」、中心を外れる線で縦に切った断面を「板目（接線断面）」といいます（図38）。

　木口、柾目、板目の三つの面を持つ材を、図のように幹から切り出したとすると、材は幹の中心（図の左上）から外側（樹皮の方、図の右下）へ向かって成長していて、木口には小さい多角形、長方形、大きな円形の細胞が見えます。

　木口の多角形の細胞は、木部繊維と軸方向柔組織の細胞です。木部繊維は、厚い細胞壁を持ったとても細長い細胞で、材を強くしています。軸方向柔組織は、柾目や板目では短冊型をした細胞が

*2-8-1
「木部繊維」について：孔の形状や有無によって繊維状仮道管と真正木繊維に分けられるが、サクラの材では両者がはっきり区別できないので、ここではあわせて木部繊維とする。

いくつか縦方向に連なったように見えるのですが、サクラの材では非常に少なく、木口で識別するのは困難です。図では、柾目に示してあります。

　木口の長方形の細胞は放射組織の細胞で、束のように集まっています。円形のものは道管です。多角形の細胞は幹の中心に近いところから樹皮に向かって、春から夏になるにつれて段々小さくなります。そして、秋には最も小さい細胞が集まって狭い帯のような部分となります。夏になって春から幹を太らせた木材の細胞が、ここで成長を止めるのです。この帯の外側の線が年輪の境界（年輪界）になります。年輪というのは、春材の初めから年輪界として残る一年間の木材の成長幅を意味しています。ややこしいですが、年輪界そのものを指す用語ではありません。

✤ 散孔材と環孔材

　サクラ材の木口を見ると、道管は春材の部分も夏材の部分も大きさはあまり変わらず、材の全体に散らばっています。このような材を「散孔材」といいます。年輪を越えてさらに樹皮の方を見ると、多角形の細胞は少し大きくなります。翌年の春になって春材ができたところです。

　板目を見ると、素麺のように細長く縦に並んだ木部繊維、丸い断面が紡錘形に集まった放射組織の横断面、白く空間のように見える道管が見えます。道管は細胞そのものではなく、細胞質を失って死

材の木口

木口の顕微鏡写真。道管が年輪全体に散らばっている（散孔材）。

材の板目

板目の顕微鏡写真。縦に細長い木部繊維、白く空間になった道管、黒い紡錘形の放射組織の断面が見える。

(写真＝高橋晃)

2009年2月5日撮影。母樹の右側に生えている根萌芽。

②根萌芽

❋ シウリザクラの根萌芽

　樹木の幹や枝から芽がでる萌芽については、すでに述べました。根萌芽は幹や枝ではなく、根から芽を出して枝が伸び出すことです。クワ科のカジノキやマメ科のニセアカシアで良く見られます。

　ソメイヨシノにも普通に見られます。また、普賢象などの園芸品種にもよく見られます。日本の野生種のサクラではシウリザクラに特に良く見られ、根萌芽によって世代の交代や、新しい環境への個体の繁殖が行われています。シウリザクラの水平根には、二つのタイプがあります。一つはほとんど枝分かれが無く、根の先に向かってあまり細くならずに長く伸びる根です。直系1mm以上ある太い道管が数多くあります。もう一つは普通の根で、多く枝分かれし、次第に細くなって細根をたくさん出します。根萌芽は道管の多い根から発生します。調査された一本の樹高18m、幹の直系27cmの母樹から9本の導管の多い根が伸びて31本の根萌芽がありました。その内18本の根萌芽が生き延びていました。また、母樹から1m以内には根萌芽は見られませんでした。

＊2-9-4
(小川、2009)

❋ 根萌芽の林

　筆者は、奥日光の湯本温泉のバス駐車場近くのシウリザクラの林で、見事なシウリザクラの根萌芽に出会いました。そこには「日光湯元ビジターセンター」の案内板があります。樹高さ20mくらいのシウリ

2015年6月5日撮影。この林は数本のシウリザクラの親木から根萌芽によって沢山の若木が育って出来たもの（上）。近くに寄ると、太い親木の横に根萌芽による若い幹が一列に並んでいた（下）。

ザクラの林があって、直径30cm程の株の近くに細い幹の株が並んでいます。林はほとんどシウリザクラの純林といえるくらいの感じです。

　林に近づくと、幹の直径30cmの母樹から10cmの距離でno.1（高さ2m、幹の太さ2cm）、さらに20cmでno.2（高さ6m、幹の太さ5cm）、さらに10cmでno.3（高さ5m、幹の太さ4cm）、さらに20cmでno.4（高さ6m、幹の太さ3cm）、さらに50cmでno.5（高さ3.5m、幹の太さ4cm）の根萌芽が一列に並んでいて、幹の反対側20cmに別の1本（高さ5m、幹の太さ10cm）があるのを観察しました。この一

図43 並んだ根萌芽の若木

筆者が観察した、奥日光湯元温泉の根萌芽の様子。

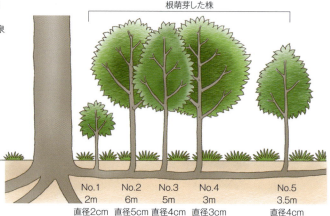

角には、他にも数株の根萌芽を伴った高木が見られました。

中心の幹とこれらの根萌芽は、互いに根で繋がっているクローンです。まとめて1本と考えても良いかも知れません。一つのシウリザクラ林が4本のクローンからできている例が報告されています。このサクラの凄い生き様に驚かされます。

*2-9-5
(小川、2009)

*2-9-5

❋ ペストと呼ばれたサクラ

アメリカクロミザクラ(*Prunus serotina*)は、シウリザクラやウワミズザクラの仲間（エゾノウワミズザクラ亜属）で、可憐な小さな白花が穂になって咲きます。秋の紅葉も見事です。樹高35m、幹の直系1m

2015年5月8日撮影。日本花の会結成農場にて。アメリカクロミザクラは白い花の穂が可憐だが、高さ30mにも成る樹木が増えすぎて問題になることもある。

にもなります。サクランボは黒く熟し甘く、食べられます。材は有用で日本にも桜材として輸入されています。良い事ずくめのサクラですが、天は二物を与えずというか、人間には都合の悪いことも有ります。

　昔、公園や庭園の鑑賞用としてヨーロッパに輸入されました。荒れた貧栄養の土地でも良く育つと言われ、材が良いので、各地に植林されました。後に貧栄養の土地では上手く育たないことが分りましたが、落ち葉が松林の土壌改良に良いとか、防風林になるとかで、さらに植林されました。やがて巨木となったこのサクラが、元からあった自生の樹木から太陽光を奪い、大量の種子で人工林の樹木を間引いた空き地に侵入して、大事な人工林の害となりました。このサクラの幹を切り倒すと、萌芽と根萌芽（多分両方？）によって、益々個体が増加することになり、その勢いは止まらずペストとさえ呼ばれるようになりました。原産地のアメリカでは「昔は森の樹木であったが、今では、道ばたに跋扈する雑草のような奴だ」と言われます。総て人間の仕業で、アメリカクロミザクラに罪はないのですが。

*2-9-6
（清水他、2003）

③気根

　植物の種子が発芽すると、初生根と呼ばれる根が伸びてきます。初生根とこの根から枝分かれした側根が全体として根を作りますが、このような根以外に幹や枝から伸びる根を不定根と呼びます。幹や枝から空中に伸びる不定根が気根です。熱帯のイチジクの仲間には、他の種類の樹木の枝で種子が発芽して、気根を長く伸ばして樹木を覆い尽くし、ついには樹木を枯らしてしまう絞め殺し植物があります。

　サクラにも気根を出すものがあります。最も普通のサクラであるソメイヨシノの幹からも気根がでます。しかし、その気根は長さ2~3mm、太さ0.5mm程のものです。若い時は少しピンク色でまるで、小さな蕾のように見えますが、やがて枯れてしまいます。気根を出す樹木は上に述べた絞め殺し植物、ヌマスギ、イチョウなど原始的な樹木に多いので、サクラの気根も原始的な性質を示しているのかもしれません。

2015年3月3日撮影。ソメイヨシノの幹から伸びた気根。長く伸びることは無いと思われる。

図45 大島の桜株の不定根

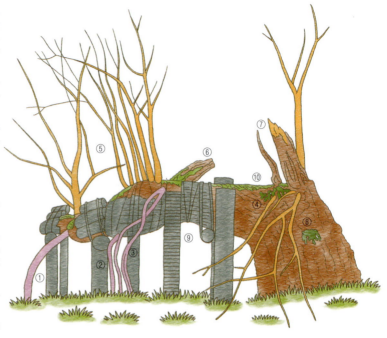

①、②、③ 横に伸びる太枝から蛸の足のように伸びた不定根。腐った太枝の中心部分の栄養を吸収しながら、伸びてから空中に姿を現した。

④ 幹から分かれた太枝。樹皮の下の僅かな幹の表面部分だけが生きている。

⑤ 僅かに生きている枝の表面近くから沢山の萌芽による枝が伸びている。

⑥ 朽ち果てた枝。一部にコケが生えている。

⑦：幹の上の方に残った幹の痕跡。

⑧ 生きている幹の表面近くから伸びた萌芽の枝。枯れていて新しい不定根を出すことはない。

⑨ 灰色の部分はコンクリートの支柱やワイヤーなどの補強。

⑩ 腐る幹の表面には緑色のコケが生えている。

*2-9-8
(和田, 2007)

たところから発根し、そのまま成長し続けている。」と述べられています。この記述では、サクラの枝に伏状の性質があると理解されます。

しかし、続く記述で「本体のサクラ株においては、北東方向に伸びた太枝から蛸足状の根が数本地下に下りている。これらは太枝から出た中枝が折れて地に着き、その枝の中に不定根が伸び、地下に到達したものと推測される。」とあります。この二つの文章では、矛盾した内容が含まれています。前文で、若しこの現象が伏状を意味するとするならば、折れて地に着いた太枝は生きていて発根能力がある状態でなければなりません。しかし私は、問題のオオシマザクラの周囲に伏状による発根があった様子を見つけることが全くできませんでした。観察した総ての枝はただ腐朽しているのみでした。上記の後文では、不定根は地面から離れた枝の中で発根して、枝の中を伸びて地面に出たという意味になります。不定根が枝の中を、どのようにして伸びるのでしょうか。私はここに問題の鍵があると思います。

2015年3月3日撮影。サクラの幹の上方から太い不定根が伸び（上）、空洞の下部の腐朽した材に根を伸ばし、養分を吸収している（下）。

❀ 自らの身体を食べて生きる

　筆者は花の会結城農場の田中秀明場長にサクラの気根について伺う機会がありました。田中場長は「気根は幹や枝の外側に出るが、幹が腐朽するサクラでは幹の内側に気根とは別の不定根が出る」として、その実例を場内のサクラの幹で説明されました。これには、驚きました。腐って地際に茶色の屑のように固まる材に向かって樹皮の下で生き残った材から不定根が下向きに伸びています。別の株では、空洞になった幹に向かい、太いホースのような不定根が樹皮を破って伸びています。

2015年6月25日、弘前公園のサクラ。上方の健康な材から、大蛇が這うように樹皮に沿って不定根をのばします。

＊2-9-9
（相場、2010b）

＊2-9-10
（トーマス、2001）

＊2-9-11
（川辺、1998）

　その後、弘前公園で幹の上方から樹皮の内側を地面に向かって幹を巻きながら伸びる二本の太い蔓のような不定根を観察しました。不気味な迫力があります。なお、このような不定根を修復再生幹と呼び、再生した幹であると説明する見解もありますが、明らかな誤りです。＊2-9-9

　サクラは幹という自分の大切な身体が腐朽した時には、それを健全な幹の木部から不定根を出して「自らの身体を食べる（栄養として利用する）」性質があるのです。腐朽によって開放された栄養分を、不定根で再吸収して生きながらえる理屈です。従って上記の日本花の会の調査報告で「地に着いた中枝の中に不定根が伸び云々」という表現は、単に不定根が枝の中という「場所」に伸びたのでは無くて、「枝の腐朽した材の栄養を吸収しながら、その結果として伸びた不定根」でなければならないのです。このような性質は熱帯の樹木に多くみられますが、温帯のイチイ類やニレの仲間でも知られているのです。＊2-9-10

　伊豆大島のオオシマザクラは、枝の伏状によってではなく、腐朽した太枝の木部を再利用する不定根によって、一株が元株をいれて4株に分裂したのだと思います。元株と子株の間を繋ぐ腐朽した太枝の痕跡は、長い年月で完全に土に帰ったのでしょう。元株と子株を繋いだ不定根は、子株が栄養的に独立できるようになるにつれて働きを失って消失したのかも知れません。また私は、直径60cmもの大枝が地面に横たわったまま腐朽し、そこから太い根がのびている姿を見ました。これも腐った木部を食べて産まれた不定根でしょう。

　このオオシマザクラの樹齢はかつて800年と言われましたが、1552年に流れたと推定される溶岩流の上に生きているので、もっと若いと考えられています。＊2-9-11

10　サクラの生き様と人

①熱帯樹の面影の陽樹

❋熱帯樹の面影

　サクラの花は基本的に下向きに開きます。これは熱帯に多い樹木の性質です。

　サクランボは、緑色から黄色、オレンジ色、赤色、黒色と変化して、黒色となって成熟します。このような色の変化をしながら果実が熟するのは熱帯に多い果実の特徴です。また、材が散孔材である点も、冬の季節が無くいつでも成長できる熱帯に適した材の作りといえます。前述したように、幹の中心が腐朽すると正常な材から不定根が伸び、腐朽した材の栄養を回収する性質も、熱帯に多い樹木のものです。若い枝の樹皮に葉緑体があり、光合成をする能力がある事や、大地の温度が上がればすぐに活動できる根の性質も熱帯的と考えられます。

*2-10-1
(中西、1999)

❋ 成長が早い陽樹

　樹木には、陽樹と陰樹があります。陽樹は太陽の光の元で発芽し、早い成長をする性質があり、日陰では育ちません。サクラの苗は成長が早く、強い太陽の光を受けて良く成長する樹木でので、陽樹でもあります。陽樹は、他の樹木に先んじて生育する樹木でもあります。若いクロマツの林に若いソメイヨシノを植えると、激しい争いが起きます。斜め上に長枝を春に1mも伸ばすソメイヨシノが優勢に見えて、クロマツの生育が心配になることがあります。ヤマザクラもこのような性質があり、二次林に多く見られます。成長は早いけれども、短命でやがて他の樹木に取って代わられるヤシャブシ、アカメガシワ、カラスザンショウなどの種類があり、先駆樹といいます。一方、マツ類のように長生きして頑張る樹木があります。ヤマザクラやエドヒガンなどの桜は、頑張る仲間です。

②変幻自在の生き方

　サクラの枝や幹は萌芽し、根から根萌芽します。このような性質で、

幹が途中で折れたり、枯れてしまっても、新しい株として再生することができます。

「狩宿の下馬桜」(→P125)は、源頼朝が馬の手綱を枝に結んだというヤマザクラですが、数十年前に幹が台風で折れ、幹は枯れてしまいました。しかし、根元からの萌芽が伸びて、現在では高さ8mの立派な二株のサクラとして復活しました。

サクラの枝を切って土に埋めておくと根がでます。これを利用してサクラを殖やすのが「挿し木」です。梅雨の頃、頂芽を着けた長枝を切って挿し木に使います。また、小枝を他のサクラの枝に接いで「接ぎ木」とすることもあります。

萌芽、挿し木、接ぎ木、芽の組織培養による新しい個体は、種子によらない繁殖で、元の個体と遺伝子が全くおなじクローン植物です。全国的に数が分からない程たくさん植えられているソメイヨシノの多くは、「接ぎ木」で苗が生産されていますから、遺伝子の立場からは一本の個体と同じということになります。

サクラは、容易に自然界にある野生種の間で雑種(自然雑種)を作る性質があります。雑種には、自然にできる雑種と人工的に交配によって作られるものがあります。約800種類以上と言われる園芸(栽培)品種はほとんど雑種で、挿し木や接ぎ木で殖やすクローン植物です。コシノヒガンザクラは三倍体で種子ができませんが、多くのサクラの仲間の染色体は2n=16の二倍体ですからお互いに雑種でき易く、また種子もできるのです。

③ サクラとの共存の道

❋ もっとサクラを知ろう

ソメイヨシノの人気は相変わらずで、各地で名所作りが進んでいます。一方で、ソメイヨシノは成長が早く苗を植えて30年位は奇麗に咲くが、寿命が60年と短く、枝を切ると切り口から腐れると、悪口もあります。

しかし、どれ程の人々がソメイヨシノという樹木を本当に理解しているかとなると、心細い感じがします。多くの人が花見を楽しみますが、幾人が花を手に取って観察し、この樹木の手入れや保護を考えるでしょうか。私たちは、ソメイヨシノをもっと知る必要があると思います。ソメイヨシノには300年の寿命があり、100年を越えても立派に開花が見られ、枝の剪定は時期と方法が正しければ、必要なのです。

散る際には、濠一面を花びらが覆い尽くす。2014年秋から石垣の修復工事が始まり、この風景はしばらく見ることができない。

✻「弘前方式」の技術

　青森県弘前市にある弘前城は築城以来400年を越え、江戸時代に再建された天守は、東北地方に現存する唯一の天守です。城跡は明治28年に公園として解放され、現在は桜の名所・弘前公園として全国に名を馳せています。公園のソメイヨシノは、日本一長寿命の株の代表（樹齢134年）、日本一太い幹（幹周囲5.37m）の二本を含めて、弘前方式と呼ばれる優れた管理によって維持されています。

　筆者は、弘前市都市環境部公園緑地課チーム桜守の小林勝参事を訪ね、橋場真紀子、海老名雄次両主事、弘前市みどりの協会堀内弦事業課長を交えてこのサクラ管理の様子を伺いました。

　弘前方式とは、施肥と枝の剪定により枝の更新を図り、古木であっても若木以上のボリュームのある花を咲かせていることを指すそうです。その具体的な技術は、日本一のリンゴの里、弘前が培ったリンゴ栽培の農家にあったと小林参事は説明されました。これこそ、「サクラ切る馬鹿」と言われる世の中にあって、弘前方式の確立の原点になったものと、私は納得しました。まさに、リンゴが育てたサクラなのです。

樹令134年、明治15年植栽、樹高9m、幹の直径130cm。日本最古のソメイヨシノといわれ、1882年に旧藩士菊池楯衛によって植えられたとされる。2015年6月25日撮影。

*2-10-2
(小池、2006、塩崎、2012)

　昭和27年に弘前公園管理事務所に職員が配置されましたが、数年するとサクラの樹勢の衰退が目立つようになりました。この事態に対して、当初は枯れ枝の剪定をする程度だったようですが、工藤長政初代管理事務所長がシダレザクラの剪定を指示したのを、聞き違えた作業員が主幹を切るような強剪定をしてしまったのです。ところがシダレザクラは枯れるどころか、新しい枝が伸びて樹勢も回復しました。この作業員は実家がリンゴ栽培農家で、リンゴの栽培管理に通じていたのです。リンゴは中心に立つ幹が勢い良く成長し、幹を中心に段々状に横の枝を出す樹形を作ります。幹の先を大きく伐採すると、切り口近くから上に伸びる小枝をたくさん出して、樹勢が益々盛んになる性質があります。これを頂部優勢といいます。リンゴとシダレザクラは同じバラ科で異なる属の植物ですが、シダレザクラにも似た性質があるのです。サクラの場合、主幹が垂直に伸びる性質を「立ち性」といいます。

　工藤所長はリンゴの篤農家に通って、リンゴ栽培のノウハウを学び、サクラの栽培管理に応用しました。その核心は、枝の剪定、病虫害対策、土壌管理にあったのではないでしょうか。

表8 弘前公園におけるソメイヨシノの生長暦

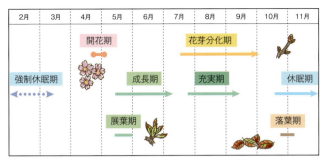

小林勝、2011、弘前公園さくらフォーラム

✿ リンゴ栽培の核心を生かす

　剪定は枝の間引きによって太陽エネルギーの有効活用を図り、花芽を多くして多収穫に繋げます。枝を切るという剪定の行為は、まさに'サクラ切る馬鹿'になるのですが、多収穫を目指すリンゴ栽培では非常に大切な作業です。さらに、サクラそのものであるオウトウや、モモ、スモモ、ウメの栽培でも重要な作業です。オウトウは樹高35mにもなる大高木で、中心となる幹を剪定することが、栽培の肝心なポイントなのです。

　病虫害が多いため、それに対応する薬剤の選択とその散布時期が、病虫害対策の要となる問題です。土壌管理は、リンゴの原産地から考えると幾らか乾燥した土壌を好むようです。水田のような多湿で重粘な土壌は向かないでしょう。土壌は通気性が良く、有効土層が厚いことが必要と思われます。加えて、施肥の時期と窒素の与え方が問題のようです。

✿ 弘前方式の現在

　小林参事は、まず、「弘前公園におけるソメイヨシノの生長暦」を作りました(表8)。1〜3月は強制休眠時期です。本来のソメイヨシノの休眠期間は終わるけれど、寒さが厳しくて眠りがさめないのです。その後短い開花準備があって、4月中、下旬〜5月初旬に開花します。5月上旬から6月上旬は葉の展開期で、7月下旬〜9月上旬に花芽の分化が起こります。5月下旬〜6月上旬は幹や枝の成長期で、7月下旬〜9月中旬は充実期になります。10月下旬から落葉期に入

表9　弘前公園におけるソメイヨシノの作業暦

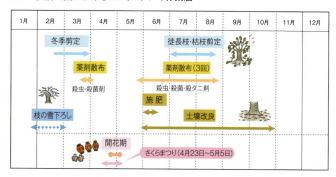

小林勝、2011、弘前公園さくらフォーラム

り、この期間の内に休眠期が訪れます。

　次に、生長暦に沿ってリンゴ栽培から学んだ栽培管理を、「弘前公園におけるソメイヨシノの作業暦」としてまとめました。(表9)　冬季剪定と徒長枝・枯死剪定は次のような目的を持っています。

❶病害虫の被害を除去し、その拡大を防ぐ。
❷通風・採光をよくし、病害虫の発生を防ぐと共に、花芽分化を促進する。
❸枝を更新し、樹体の若返りを図るとともに、花芽の数を多くする。
❹樹形を整え枯枝等を除去することにより、開花時期の景観を保つ。
❺被害枝の落下等による来園者の安全性を確保する。

　冬季剪定では、❶〜❺までの全体を含む重要な剪定を目指します。とくに太い大枝や主幹の剪定という、いわば大きな外科手術はこの時期に行います。それは樹体が休眠中で、水を吸い上げていないので、切り口から腐朽菌が侵入しにくいからです。剪定方法の基本は、枝や幹の分岐点で一方を、そのつけ根から切り落とす間引き剪定をします。切り口にはカルスメイトなどの薬剤を塗ります。こうして切り口から腐朽菌が侵入するのを防ぐのです。直径2〜3cmの細い枝の剪定では、分岐近くで葉芽が枝の上側にある場所の、枝先寄りで切ります。

　徒長枝・枯枝剪定は、徒長枝や枯死枝を中心に混み枝、病虫害の被害枝、弱小枝などを剪定する補助的な剪定です。徒長枝とは、幹の下部や根から勢い良く伸びて来る枝で、将来樹形を乱すような場合には剪定します。混み枝とは多くの枝が混みあって日光が入らない状態にあるもので、それを改良する剪定を行います。弱小

2015年6月25日撮影。130年余を経て、なお旺盛な生命力を感じさせる最古の株。幹まわりは太く(上)、満開の時期には無数の花を咲かせる(左)。

(写真=小林勝)

枝は大枝の影に生えた細い小枝で、混み枝同様に不要のものです。

　薬剤散布は3月〜4月の殺虫剤・殺菌剤と、6月〜8月にかけて3回行う殺虫剤・殺菌剤・殺ダニ剤散布です。

　施肥は6月に総てのサクラの株に対して行います。幹を中心に枝先までの円の範囲に、一定の間隔で施肥穴を掘って施肥する壺肥え方式です。平均して一株に2kg施肥しますが、壺穴一個当たり50〜70gの有機入り普通化成肥料と30〜40gの林業用固形肥料を施肥しています。壺穴は少ない場合は3〜4箇所、多いものでは30〜40箇所です。

*2-10-3
普通化成肥料(窒素8:リン8:カリウム8)

*2-10-4
林業用固形肥料(窒素8:リン10:カリウム8)。窒素は葉を茂らせ、リンは果実を実らせ、カリウムは幹を作るのに必要とされる。

土壌改良は6月~10月に行います。幹を中心に半径1.5~2mの範囲(上記の根鉢142〜143頁)で、土を掘り出します。以前は作業員数人が移植ベラなどを用いて手作業で、一本当り3~4日をかけて行っていました。しかし、現在は圧縮空気を利用したエアースコップを利用して一日当り1~2本の作業を行っています。作業中には根が乾燥するので、時々灌水が必要です。また、樹勢が極端に弱っている場合には、土壌改良によって枯死する危険があります。土を掘り出した後で、堆肥や腐葉土などの土壌改良資材と肥料を混入した土壌を埋め戻すか、土壌の入れ替えをします。

　土壌改良を6~7月に実施すると、8~9月に多くの新根の発生が見られ、葉の緑色が濃くなります。秋以降に実施した場合は、翌年の春以降に効果が顕著になります。日本一のソメイヨシノ株は2014年7月に土壌改良を施しましたが、2015年6月には大きめの葉が枝一杯に茂り、緑色が濃いというよりは黒味を帯びています。幹はしっかりしていて、盛んに根萌芽しています。立派なサクランボも実って、とても老木とは思えません。小林さんは、ソメイヨシノは短命では無く、300年の寿命はあると思うと話されました。確かに、日本一長寿のこの株は樹勢きわめて盛んで、壮年前期の趣なのです。

④関東以西の管理を考える

　さて一方で、首都圏を含む関東地方以西のソメイヨシノはどのような姿でしょうか。上に述べたように、最近益々多く植えられている割には、キチンと手入れされたサクラ林は少ないように見受けられます。その原因のひとつに、弘前公園で実行されているような、栽培管理の方法が地方自治体や一般の人々の理解を得ていないことにあるように思われます。

　先ず、関東以西のソメイヨシノの一年を眺めてみましょう(表10)。ソメイヨシノの休眠期間は約2ケ月ですから1月の中旬頃に休眠打破が起きてつぼみは活動状態になります。2月になると寒い日の中に暖かさを感じる日が現れて、地中の温度が上がると根が目覚めて水を揚げはじめます。樹皮のコルク皮層の葉緑素が光合成を開始します(→P135)。2月から3月にかけてつぼみは大きく成長して開花の準備ができ、3月の下旬~4月上旬に開花します。花が散ると、同時にサクランボが成長を開始して、6月上旬には黒く成熟します。7月中旬~8

表10　関東以西のソメイヨシノの生長暦

器官＼月	1月	2月	3月	4月	5月	6月	7月	8月	9月	10月	11月	12月
花・果実	休眠	開花準備	開花	果実成長／果実成熟		花芽分化		花芽成長			休眠	
枝・葉				枝葉の成長／葉の展開	成葉の完成		栄養の蓄積／成葉の維持			落葉	休眠	
根・樹皮		根の目覚／光合成の開始									休眠／休眠	

表11　関東以西のソメイヨシノの作業暦

作業＼月	1月	2月	3月	4月	5月	6月	7月	8月	9月	10月	11月	12月
剪定	冬期　つづき					夏期			冬期			
薬剤		春散布		夏散布								
施肥等	寒肥				追肥(苗)	夏肥			土壌改良			
備考		開花										

月に花芽が分化します。その後休眠するまで、花芽は成長を続けます。

　花が散る直前から葉が伸び出して、4月下旬には当年枝が葉を開きながら急速に伸びだします。この枝葉の伸長は、新しい樹体を大きく成長させます。6月に入ると成葉は固くなり盛んに光合成をします。やがて、この成長は8月中旬で止まってしまいます。それ以後秋の紅葉期までは、枝葉に何の変化も無いように成葉が維持されますが、材と師部の細胞の一部に養分を蓄積する重要な時期です。11月に入ると落葉が起きて、樹体は枯れ木状態になって冬の休眠に入ります。

　この一年の生活サイクルに対応して手入れの作業が進められます（表11）。新年の3ヶ月は枯れ木状態で、前年の11月から続く冬期の剪定好機です。弘前公園同様にこの間に主となる剪定を行います。

7月～8月に行う夏の剪定は補助的な剪定で、内容は弘前公園と同じです。薬剤散布は、3月～9月までほとんど切れ目無く必要です。ソメイヨシノにはそれだけ多くの病害虫があるからです。特に枝の先に小枝が密集する天狗巣病に弱く、薬剤散布が効かないので、罹病した枝を見つけ次第切り捨てます。

　元肥として2月に寒肥料をやります。成木(高さ8m、樹齢20年以上)一本に対して堆肥または厩肥、化成肥料、有機質肥料を与えます。先ず、幹を中心に半径1～2mの円形の線を引きます。それから線の内側に幅30～50cm、深さ10cmの帯状の溝を掘り、ここに堆厩肥を入れ、覆土します。また、設定した円の中にランダムに20個ほどの孔(深さ10cm)を掘り、化成肥料等を入れます。枝の下になる地面の面積1㎡当り、堆厩肥で2～3kg、化成肥料で80～100g、有機質肥料で100gが目安です。

*2-10-5
(小笠原、1992)

　幹から半径2mの円の範囲が根鉢です*2-10-5(→p142)。この範囲を外れると太い根は急に細くなります。弘前公園の土壌改良を実施する範囲は、まさにこの皿の部分で、理に叶った範囲です。苗を育てる場合には6月に追肥をします。また、成長した高木には7月に夏肥を与えます。この施肥は、秋の花芽の成長と樹体への栄養の蓄積が目的です。

　土壌改良は、弘前公園の方法がモデルとなると思われます。関東以西では11月～3月が適期かも知れません。

第3章　人と桜

2015年4月22日、長野県上高井郡高山村、黒部のエドヒガン。田んぼの真ん中にあるこの桜は、農業の神の依代として昔から信仰の対象だった。

1 桜の花を愛でる

①その歴史の始まり

　春に樹木の花を愛でる習慣が奈良時代に始まり、初めは梅の花が対象でしたが、平安時代になると桜に変わってきたといわれます。平安時代の初期(西暦812年)に嵯峨天皇が桜の花の下で「花の宴」の会を開いたそうです。

*3-1-1
(秋山, 2003)

　日本の稲作を中心とする農業が大きく発展するようになったのは、大和時代の鉄器の出現であったといわれます。初めは木製の鍬の一部に鉄が使われるものでしたが、やがて鍬の部分全体が鉄で作られ耕作の能力が強化されました。いつの時代からかは、分りませんが稲作を初めとする農業・その基盤である自然・農民の三つを守る神霊が招き寄せられて乗り移る樹木(依代)として桜が植えられました。

*3-1-2
(古島, 2000)

*3-1-2

　普段は人気の無い長野県高山村黒部地区にある「黒部の十二宮の桜」は、探し当てるのが困難なほど、人の気配の無い山村の

水田の一隅に立つエドヒガンです。樹高13m、幹周囲6.8m、樹冠直径10mで幹は二つに割れています。樹勢は旺盛で、雲間から射す日光に満開の樹冠が輝きます。花の色は濃い目の桃色です(左頁)。江戸時代初期の延宝年間(1673〜1681)の村絵図にすでに大樹として描かれているので、中世の戦国時代に植えられたのではないかと伝えられています。樹下に十二宮跡の石碑がありますが、説明板には、往古黒部の穀倉地帯であったこの地に山の神、水の神、農業の神として祀られ、その時に神の依代として植えられた記念樹であろう、と記されています。十二宮は、前世・現世・来世にわたる良い因縁を願う神社でしょう。

②花より団子〜八代将軍吉宗の政策

寛永二(1625)年に上野に寛永寺が建立され、吉野山から山桜が移植されました。やがて江戸時代の世の中が落ち着き、第八代将軍徳川吉宗の治世になると、庶民が花見に出かけるようになりました。上野寛永寺の山桜は名所となり、飲食を伴うドンチャン騒ぎの花見が行われるようになりました。

吉宗は質素倹約を旨とし、第五代将軍綱吉の代から日本庭園として整備されてきた江戸城の吹上地域に、薬草製蔵所やサツマイ

*3-1-3
(長谷川、1838)

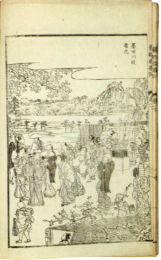

「東都歳時記」
早稲田大学図書館所蔵

1804年、北川歌麿による「太閤五妻洛東遊観之図」。
(© The Trustees of the British Museum)

*3-1-4
(下、2001)

モ畑を作りました。また、庶民にまで倹約を押し付けたので、経済や文化は停滞気味になりました。しかし一方で治水や町場の整備にも力を注ぎ、飛鳥山や隅田川の土堤に桜を植えて、庶民の娯楽に花見を奨励しました。質素倹約の政策で江戸の庶民の気持ちが落ち込まないように、上野寛永寺という聖地で盛り上がった花見を他の場所で楽しめるようにする狙いがあったようです(前頁)。

　吉宗の政策はまさに「花より団子」で、これにより花の下で飲食を楽しむという「花見の文化」が日本人独特の習慣として根づいたというわけです。このような意味の花見は欧米には無いといわれるのは当然のことです。また、幕府の勢力が及ばなかった沖縄にも見られないと言われます。花見には酒に酔った客同士の喧嘩がつきもので、

*3-1-5
(白幡、2015)

今でも両国の花見でその姿を見ることがあります。これを火事と共に「江戸の花」と洒落た江戸人は、私たちのほんの数代前の姿でした。

　それより前に、秀吉は醍醐の花見会を行って大騒ぎをしたと伝えられています。それは自分の権力を見せつける猿芝居で、吉宗とは違った発想であったでしょう。醍醐寺では毎年4月に「豊太閤花見行列」が開催され、その豪華さが現在に伝えられています(上)。

　第二次大戦後、漸く平和が実感されるようになった昭和25年頃には、全国で花見が盛んでした。それが現在でも見られますが、この花見には花より団子と言われる表現の裏に春が来たという人々の喜びがあふれているように感じられます。

2015年4月15日撮影。吉野山のヤマザクラと杉人工林。

2 風景としての桜

①古くて新しい吉野のヤマザクラ

❈ 街と桜と森と

　筆者は日本一のヤマザクラの名所・吉野山を、2015年の春に初めて訪れました。出かける前に見た写真では、正面の山頂から手前に下る左右二本の尾根の間の広い谷一杯をピンクの樹冠が折り重なって埋め、それを左右から杉の濃緑色が縁取っていました。写真の右端に一軒の人家が有るだけで、圧倒的な自然の姿のように見えました。しかし、日本一の規模のヤマザクラ林は人が植えたものですし、杉林は約50年前を中心に国の造林を拡大する政策によって植林された人工林で、この風景は人工の姿です。

　筆者が訪れた折、ヤマザクラの花は盛りを過ぎて葉桜に成りかけていましたが、美しい風景で感激しました。ところが、驚いたことが二つありました。

南北に走る尾根の東にヤマザクラ林、尾根の西に金峯神社の門前町と、吉野には対照的な二つの世界がある。写真は門前町を西方から見る。

一つは谷の右側に、写真とは全く違う世界を見たことです。南北に走る尾根の東側にはサクラ林と杉林がありましたが、尾根の西側には土産物屋が軒を連ねていて、写真から感じていた圧倒的な自然というイメージとは、大きく異なっていました。狭い通りは長い痩せ尾根で、両側の家は二階が店舗で一階は斜面の下にあります。通りには観光客が大勢歩いています。痩せ尾根の下は広くなって大きな金峯山寺があり、その周辺のコンクリートの建物がヤマザクラに囲まれています。吉野山の本体は賑やかな門前町であることに驚いたのです。

もう一つは、密林状態の人工林の一部が伐採された直後で、伐採跡地にはサクラの苗が植栽されていたことです。ごく最近の吉野を紹介した文章に「苔清水は西行庵の近くの谷頭の湧水で、現在もこんこんと清水がわき出ている。いま、このあたりにくると、とてもサクラの適地とは思えない。あまりにも湿潤で、サクラ以外の巨木も多くて暗すぎる。」とあります。

*3・2・1
(森本, 2010)

しかし筆者が見たものは、開放された山肌に植えられた沢山のサクラの苗です。山肌には細い林道が伸びており、西行庵の前面の針葉樹は伐採され、地拵えされた山肌には新しいヤマザクラが植えられています(右頁)。西行庵前の伐採された檜の一本は、樹齢70年程でした。西行庵に近い奥宮の金峯神社の周辺の人工林の樹木も刈り払われて、やはりサクラの苗木が植えられています。

私が驚いたのは、吉野の人々がサクラを植える為に人工林を伐採

2015年4月16日、西行庵の前面に広がる人工林は伐採されて、サクラの苗が植栽されている。

したことよりも、遥かに大きな力が動き出していることを知ったからです。それは、ごく最近に具体化した日本の林業の再生にかける活動です。上述の林道の作り方は、徹底した林業専用のための工事によるもので、林業再生のために新しく登場した機械化に対応しています。良く見ると、伐採後の杉の新植栽もありました。始動を始めた林業再生は後に具体的に述べます。

❈ 歴史に彩られた吉野

　筆者は、吉野山の景観は、人間と自然の営みが影響しあってでき上がって来た文化景観であると考えました。現在の景観は、吉野の門前町とヤマザクラの歴史を片方とし、片方に吉野林業の歴史に支えられた存在なのだと思うのです。さらに言えば、吉野が遠い昔、古代日本最大の内乱である壬申の乱が起きた地であるという歴史も背景にあります。そして私は、大げさに言えば、風景を変える歴史的チャンスを見たのです。それが私を驚かせたのです。

　奈良時代の初め、修験道の祖・役小角が桜の木で彫った蔵王権現を金峯山寺に納めた故事から、修験道と山桜を寄進する歴史が興ったと伝えられます。その前に、壬申の乱がありました。大化の改新で蘇我入鹿を切った中大兄皇子は、天智天皇となりました。当時、弟に位を譲るのが習わしでしたが、天智天皇は自分の息子である大友皇子に譲る決定をしたのです。危険を感じた弟である大海人皇子は、僧となって吉野の里に隠れました。天智天皇が亡くな

り大友皇子が天皇になると大海人皇子の命が危うくなりました。そこで、大海人皇子は、吉野の里から兵を発して、壬申の乱となったのです。数々の困難な戦を経て大海人皇子が勝利しました。

南北朝時代（1336年）には、後醍醐天皇が京から逃れ吉野に南朝を開きました。吉野山を中心とする広い地域に、南朝を支える大きな経済と人的な基盤が蓄積されていきました。室町時代の吉野山は、修験道を中心とする信仰の町として発展したようです。その後、信長と秀吉が天下統一の道を猛進する最中、大阪の豪商末吉勘兵衛が山桜1万本を献木したのは1579年のことでした。

＊3-2-2
（森本、2010）

＊3-2-2

❀ 吉野林業の発展

一方、吉野川の北側には上市、南側に下市が開かれ、商業や流通の拠点となりました。吉野川の上流の樹木の材から轆轤で椀などを作る木地師を輩出して、下市がその流通拠点となりました。また木材生産も盛んで、上市はその拠点となりました。この木材生産と畿内の消費地を結びつけたのは、浄土真宗の高僧、蓮如でした。蓮如が上市の対岸飯貝に本善寺を、下市に願行寺を建立しました。これらの寺院によって吉野に浄土真宗が広まり、畿内との交流が盛んとなったのです。

蓮如は山科で大規模な石山本願寺の造営に着手し、最も重要な用材を吉野から取り寄せました。秀吉は伏見桃山城の建設に吉野川上流の木材を使いました。上市と下市は町へと発展して、吉野山

吉野林業全書。土倉庄三郎によって完成された、吉野林業を絵入りで紹介する図書。多植栽、多間伐、大径木樽丸材生産の林業が丁寧に紹介されており、日本林業の基本となった。

2015年4月17日撮影。現在の吉野川上流、川上村。杉と檜の人工林に囲まれた林業の中心地。

と違った形で吉野の経済発展に貢献することになりました。このような社会の動きの中から、吉野地域の林業が産まれ発展するのです。後、本善寺は織田信長によって焼き払われましたが、江戸時代に再建されて今も立派な堂宇が見られます。*3-2-3

*3-2-3
(藤田、1998、谷、2008)

　下市の方が大きな町に発展、両市は江戸時代前期に活況を呈しましたが、江戸時代末期には衰退しました。また、大規模な建築物を造営するための大径木は吉野川の本流の奥地にあり、川の流れで運ぶしかないので、吉野川が吉野林業の中心地となりました。

　明治時代に入ると、江戸時代の育成林業から造林による林業へと変わり、育林技術が発達しました。それには、開明的豪農の土倉庄三郎の活躍がありました。土倉庄三郎は天保11年（1840）に吉野川の上流大滝で生まれ、大正6年（1917）に死去しましたが、父の指導で15歳から林業の道を歩み、大森林王として日本林業の基本ともいうべき吉野林業を完成させました。絵入りで分り易く書かれたその内容は『吉野林業全書』(左頁)として、全国の林業地の指針となりました。この図書は庄三郎の監修となっていますが、実質的な著作であったと考えられています。

　その要点は、1ha当たり1万本もの杉苗を植え付け（多植）、15年目から数年置きに間伐して間伐材を販売し（多間伐）、100年かけて最後に皆伐する（長伐期、大径木収穫）の育林にあります。苗の作り方、間伐の方法、大径木の伐採と吉野川による運送の方法などが詳細に書かれています。大径木は酒樽を作る樽丸材として灘（大阪湾北岸）などに出荷されました。

杉苗10,000本／haを植えて間伐を繰り返し、100年後に大径木となった吉野杉（上）。2015年4月17日撮影。集材で活況を呈する吉野町の貯木場、周囲に製材工場が集まっている（右）。

✤ 吉野の人文風景

　明治27年に『日本風景論』が発表されて以来、日本の風景論には自然風景を重視する傾向がありました。昭和に入って国立公園が相次いで設定されるようになったのは、そのような自然風景の評価が背景にあったからです。しかし最近になって、人と自然の関係の中で風景をとらえる「人文風景（人文景観）」を評価する傾向が強まってきました。私はこの傾向は将来益々、風景に大きな影響を与えるであろうし、日本の社会にとっても重要になるだろうと予想しています。 *3-2-4

　社会的な動向として、吉野の現在は、ヤマザクラの花見を主とする観光地として日本人が訪れる場所です。しかし今後は、国際的な観光地として整備することが、日本の産業上でも重要な課題となってきました。今、人工林の伐採跡地にサクラの苗を大々的に植栽し始めたことは、一つの社会的転機だと思います。吉野山に程近い高野山は、海外の観光客に最も人気のある観光スポットです。それに匹敵する魅力を吉野が持っていると思うのです、それが上に述べた二つの内容です。 *3-2-5

　サクラの植栽は、さらなるサクラの名勝地の育成に繋がります。一方、人工林の伐採は、日本の林業政策が根本的に見直された証です。江戸時代に育成林業として川上村で始まり、明治時代に土倉庄三郎の努力で'吉野林業'の完成を見て以来の日本の林業が、現代の社会の期待を担うべく、動きだしたのです。土倉庄三郎の後、吉野川上流は、吉野林業の中核として存在し続けてきました。現在では、大径木のヘリコプターによる集材が進み、吉野町では貯木場と製材業が活況を呈しています(左頁)。吉野山の周辺では樹齢50～70年位に育った杉と檜の人工林が収穫を待っています。その姿が山桜を取り囲んで緑色というより青黒い塊として見えるのです。一方、林業は機械化時代に入り、機械化に合わせた林業専用道路の開設と、人工林の伐採が始まっているのです。 *3-2-6

　私が目にしたのはそれです。人工林の伐採は急速に進むでしょう。林業が再び吉野の社会を牽引するでしょう。その動きとサクラ植栽を関係づけて素晴らしい人文風景を作りあげるかが問われるなければなりません。

　吉野は新しい風景の創造に向かって始動したのです。

*3-2-4
(志賀, 1894)

*3-2-5
(西田, 2007)

*3-2-6
(藤田, 1998)

Column

吉野山の桜を救った土倉庄三郎

　明治政府が明治元年(1868)「神仏分離令」を出した事を契機として、仏を廃して捨ててしまう'廃仏毀釈'の号令の元に、寺院や仏像を破壊し、僧侶の還俗を強制する社会的な運動が起きました。吉野山は神道と仏教を混交した修験道の拠点でしたから、非常に荒れ果てました。これを聞いた大阪の商人が、堅くて薪に向いている桜の伐採を持ちかけました。吉野山の住民も生活に困っていましたので、計画に賛成のようでした。それを知った土倉庄三郎は、一人で桜の山林を買い取りました。自分のものにするのではなく、桜の保護が目的でした。

　また、当時奈良の春日山の森林も荒れていました。現在、春日山の原始林ともてはやされている森は、原始林どころでは無かったのです。土倉庄三郎は、奈良公園に世界的な都市林を育成するという計画で、森林の手入れを行い、荒れた森林の樹木を伐採した上で、杉と檜30万本、花木1500本を植栽する事業を専門家の一員として実施しました。春日山の原始林は、本当は林業の専門家が周到な計画の元に造成した人工的な都市林でもあります。現在は奈良春日山の原始林として有名ですが、本当の原始林ではありません。鹿の食害が目立ったり問題の多い森でもあります。

2015年4月17日撮影。土倉庄三郎が世界的な都市林を目指して植林した奈良春日山の森。

土倉庄三郎は、板垣退助の洋行費用を負担したり、新島襄と妻、八重の同志社大学設立に資金援助をしたり幅広い社会活動を行いました。また、明治の初期にドイツで林学を学んで「日本林学の父」と呼ばれた本多静六は、東京帝国大学の助教授時代に土倉庄三郎の元を何回も訪れ、実際に樹木の伐採などの作業を山林に入って教わり、それを大学の講義に活かしたことが伝えられています。

　本多教授は土倉庄三郎の偉業を讃えて、土倉屋敷の前に屹立する鎧掛岩に「土倉翁造林頌徳記念」と刻んだ磨崖碑を作りました。そこは、吉野川が直角に曲がる両岸が絶壁で囲まれた場所で、そのすぐ上流に土倉庄三郎の屋敷がありました。屋敷は伊勢湾台風による洪水で流されてしまいましたが、屋敷跡に立つ銅像とこの磨崖碑が、土倉庄三郎を偲ぶよすがとなっています。この磨崖碑の文字は最近、白く塗料で飾られてはっきり見えるようになりました。

*3-2-7
(田中、2012)

日本林学の父、本多静六博士が土倉庄三郎の屋敷跡近くの岩に彫った磨崖碑。

2006年4月23日撮影。長野県伊那市高遠城のタカトウコヒガンザクラ。

②城跡の桜

　桜が多くの花見客を引きつける城跡が各地にあります。そこには、宴会を楽しむ花見と違う日本人の桜鑑賞の姿があるようです。戦国時代の城は戦の要として、また幕藩体制が整った江戸時代を通して、城は藩政の中心であり、かつ各藩の故郷の中心としての拠り所であり続けました。現在も城郭に多くの人々が愛着を持っています。城下の桜鑑賞は、このような城を桜の花で飾り、城郭と花を一幅の絵画として楽しもうとする花見です。風景の楽しみそのものといえるでしょう。それは、明治2年の廃藩置県による城郭の荒廃が引き金になり、サクラの植栽が始まったことに関係しており、またかつての戦や英雄を偲ぶ植栽もであったようです。

　長野県伊那市高遠町の「高遠の桜」はその典型です。城跡全部を埋め尽くすように咲くタカトウコヒガンザクラは、廃藩置県の際に城

2014年4月撮影、江戸城清水門のソメイヨシノ。

内の樹木が売り払われ、その荒廃ぶりに立ち上がった元藩士達が明治9年にサクラを植えて、城内の公園化を図ったのが始まりです。元藩士達の胸の内には、武田信玄を守って城と共に散った仁科盛信を偲ぶ戦国時代の思いが隠されていたでしょう(左頁)。

　江戸城北の丸を挟むように広がる千鳥ケ淵の清水門の辺りは江戸城と桜の配置が見事です。環境省の資料(ウエブ)によれば、明治14年(1897)にイギリスの外交官アーネスト・サトウが英国公使館前に桜を手植えし、その後、東京市に寄贈されたとあります。サトウという苗字は、日本人のようですが、スウエーデン人の父親とイギリス人の母親の間で産まれた英国人で面長の顔に鋭い眼差しと高い鼻、口ひげを備えた偉丈夫でした。
＊3-2-8

　新潟県の北部にある新発田城は、明治4(1871)年の廃藩置県まで存続した城でしたが、同年に東京鎮台管下の管理に置かれ、やがて陸軍第16連隊駐屯地となりました。戦後の一時期を除いて軍

アーネスト・サトウ
1843~1929
イギリスの外交官。1862年から断続的に25年間日本に滞在し、幕末からの動乱期の日本で、要人の通訳として活躍。日本人女性と事実婚をしており、3人の子どもがいる。

＊3-2-8
(アレン, 1933)

177

2015年4月12日撮影、新発田城表正門の桜(上)。

事拠点で、現在は陸上自衛駐屯地となっています。戦国自衛隊の城などと言われます。

城跡の桜が植えられた年代は不明ですが、大正3(1914)年に大正天皇の即位と河川改修完成のお祝いとして、城の近くを流れる加治川の両岸にソメイヨシノ6,000本が植えられました。大正天皇の即位祝いとして城跡にも植えられたかもしれません。他の城跡の桜とは違った歴史を持っています。

加治川の桜も城跡のそれも新発田市民は故郷の宝として大切にしてきました。桜の花をシンボルとして故郷を想うという意味では、他の城跡の桜と変わりません。

奈良県宇陀市の「又兵衛桜」は豪傑後藤又兵衛の屋敷のシダレザクラと伝えられます。又兵衛が戦を生き延びてこの地で僧として晩年を送った証だそうです。しかし、これは伝説です。又兵衛(後藤基

2015年4月15日撮影。奈良県宇陀市のシダレザクラ「又兵衛桜」(上)。

後藤又兵衛

戦国時代から江戸時代初期にかけて活躍した武将。1560年に生まれ、黒田如水に仕え、その後黒田長政と折合いが悪くなり出奔、浪人となる。大阪の役では豊臣方の先鋒として奮戦、乱戦の中で命を落とした。真田幸村らとともに「大坂城五人衆」と言われ、講談や軍記物に多く描かれた(左)。

次、1560〜1615)は大阪夏の陣の戦で討ち死にしました。英雄を偲んで後の人が植えた桜樹でしょう。　後藤又兵衛が生き延びた伝説は、ほかにもあります。愛媛県伊予郡松前町では弟、市郎衛門を名乗り百姓となって「後藤新田」を開拓したそうです。大分県中津市邪馬渓ではむかし馴染みの女性、お豊を尋ね平穏に暮らしたが、秀頼の死を知って自刃したと伝わります。墓も各地にあります。生誕の地である姫路市の後藤神社では、2015年に「後藤又兵衛顕彰」の除幕祭とエドヒガンの植栽がありました。

3 花の詩歌と樹木学

①春を告げる桜〜春への期待

✿ 小唄や歌の世界

「梅は咲いたか　桜は未だかいな　柳なよなよ風次第
　　山吹や浮気で　色ばかり　しょんがいな〜
　梅にしようか　桜にしようかいな　色も緑の松ヶ枝に
　　梅と桜を　咲かせたい　しょんがいな〜」

江戸小唄の一つ。春を待つ心を唄ったものでしょう。梅が春一番に咲く花であることは皆承知していますが、やっぱり桜が咲くのが待ちどうしい江戸庶民の気持ちが分る気がします。

正岡 子規
1867〜1902
日本の俳人、歌人、国語学研究家。俳句、短歌、新体詩、小説、評論、随筆など多方面に亘り創作活動を行い、日本の近代文学に多大な影響を及ぼした、明治時代を代表する文学者の一人。

信夫澄子
1916〜1999
昭和期の歌人。

「山里は春未だ寒し旅人の
　　桜かざしていづくによりか来し」

正岡子規の歌。桜の咲く時分は、まだ寒さの残る早春で、花の着いた枝を持つ旅人が近づいて来る様子を見ている自分の着物の脇あたりを寒風ではないが、冷気を伴った風が通り抜けて行く、という情景の描写でしょう。

桜の花は、一斉に開花して春を告げる花ですが、もう完全に春が来るのが完了したことを宣言するのではなく、本当の春がもうすぐそこまで来ているよ、と先触れしているのです。それだけに、春到来を待っていた日本人には、嬉しい知らせなのです。そのために、桜は、春一番に開花します。

「わたくし・あなた・うめ・もも・さくら・声をたてて言えば、
　　胸あたたまる日本の言葉」

信夫澄子の歌。この歌にも、春を待つ日本人の心が感じられます。「わたくし・あなた」と「うめ・もも・さくら」と続く言葉が素晴らしい気

花木生産農家、阿部一郎氏が雑木林を開墾して植えたのが始まりで、昭和34年に公園として開放された。サクラ、ウメ、ハナモモなどが一斉に咲く。

がします。二月の梅の花、三月の桃の節句、四月の桜の花見と、春が産まれて本番の暖かい明るい季節へ進む心が日本の言葉に在るというのです。

✻ 樹木学

　春が来た、という知らせは、「桜の開花予想の発表」となって私たちに馴染み深いものです。通称「桜前線」の発表といわれます。昭和26年に始まった気象庁による「桜の開花予想の発表」は、平成22年から民間の期間によるものに変わりましたが、春の知らせを待つ日本人の期待は変わりがありません。実は気象庁による「桜の開花予想」の仕事は、日本の農作業にとって重要な情報の提供を目指したものでした。

　サクラは早起きの樹木です。早春二月には、太陽の光が日々強くなり、三寒四温の季節となります。地面の温度が上がり始めると、すぐに浅い地下の桜の根は水と養分を吸収する活動を始めます。同時に小枝では、樹皮の最外層のコルク層は薄くて太陽光を通す性質があり、その内側のコルク皮層にある葉緑体が、光合成を開始するのです。

　サクラの材は散孔材で、環孔材であるクリの材が、十分に気温が上がって葉が開いてからはじめて成長を開始するのとは違って、条件が良ければ何時でも成長できる性質を持っています。蕾みは、冬の寒さに遭うことによって休眠性が破られて、気温の上昇次第で成長を始めます。

サクラは他の樹木に先んじて開花する性質を備えた樹木ということができます。そのことによって、害虫や病原菌から身を守り、安全に種子をばらまくことができる利点があります。

②爛漫と咲く桜～人桜を観る

❋ 桜に憧れ、花に酔う

2015年4月16日撮影。吉野山奥千本のヤマザクラの傍らで、日射しの中にある西行庵。

吉野山の奥千本の桜の傍らに西行庵があります。数年前までは針葉樹に囲まれた暗い日陰の中で、折角の奥千本のヤマザクラが喧伝されるのがおこがましいようでした。しかし、今は違います。明るいヤマザクラの花の光の中で、西行庵には多くの人々が訪れます。

西行は桜に憧れた元武士の僧侶で、桜と共に西行を愛す現代人も大勢居るのです。西行の歌を3つあげます。

「花を見し昔の心あらためて吉野の里にすまむとぞ思ふ」

「吉野山こぞのしおりの道かへてまだ見ぬかたの花を尋ぬ」

「願わくは花の下にて春死なむそのきさらぎの望月の頃」

次は、誰でも知っている日本古謡です。春の朦朧とした空気の中で、満開の桜が霞か雲か判別しがたい風情で見渡す限り広がっています。夢に見たような風景でもあり、待ち望んでいた風景でもあります。

「さくら　さくら
　　やよいの空は　見わたすかぎり
　　かすみか雲か　匂いぞ出ずる
　　いざや　いざや　見にゆかん」

瀧廉太郎
1879〜1903
「箱根八里」「荒城の月」などを作曲、「鳩ぽっぽ」「お正月」など、童謡も多く手がけた。隅田川の春を歌った「花」は、銀座線浅草駅のご当地メロディーとして使われている。

　武島羽衣作詞、滝廉太郎作曲、歌曲集「花」の第一歌です。第一番で、船人が行き来する墨田川の風景に、花のように散る櫂のしずくで、主題の'花'が示唆され、第二番で、朝日の露に光る満開の桜並木が歌われています。その風景は第三番で、例えようもない一刻千金の価という結論です。

「春のうららの墨田川
　のぼりくだりの船人が
　櫂のしずくも花と散る
　ながめを何にとふべき

　見ずやあけぼの露浴びて
　われにもの言ふ桜木を
　見ずや夕ぐれ手をのべて
　われさしまねく青柳を

　錦おりなす長堤に
　くるればのぼるおぼろ月
　げに一刻も千金の
　ながめを何にたとふべき」

隅田公園の桜。千本ほどの桜が1kmの並木を作る。屋形船から両岸の桜を見ることもできる。公園内の庭園は水戸徳川家邸内の遺構を利用して作られている。

　現在の墨田川の風景も本質は変わっていないと思います。現在、墨田川の吾妻橋からその上流の桜橋までの両岸は墨田公園となっていて、「墨堤の桜」として知られる桜の並木があります。ソメイヨシノの満開時には、首都高速6号線から墨田川を行き交う屋形舟と爛漫の桜とその向こうに広がる浅草の町を俯瞰することができます。桜並木を歩けば、そぞろに歩く花見客と宴会の人々が楽しんでいます。時々、酔客の喧嘩もあります。

与謝野晶子
1878~1942
歌人、作家。歌集「みだれ髪」や源氏物語の現代語訳などでも知られる。詩歌のほかにも婦人参政権を唱える論評なども執筆し、活発に活動した。

「清水へ祇園をよぎる桜月夜
　　こよひ逢ふ人みなうつくしき」

与謝野晶子の和歌です。桜をめでる気持ちが本当に素直に表現されていて、同感できます。

「酒なくて何の己が桜かな」

「花より団子」

桜の諺や決まり文句です。酒のない花見など一向面白くないと言います。花より団子のほうが良くって、風流よりも実益が欲しいという欲望でもあります。こうなると、桜の花を鑑賞する態度から人間そのものへの関心に話の焦点が変わってきます。これは、日本人の自然鑑賞の一つの態度のような気がします。

✽ 樹木学

有名な吉野の桜は、白花のヤマザクラの大群落です。古くから吉野山の斜面の低いところから下千本、中千本、上千本、奥千本と四月上旬から下旬にかけて満開の花が咲き登って行きます。花は白色ですが葉が赤みを帯びているので、開花中の斜面は新葉の色に染まっていくらかピンクに見えます。桜の大群落の最奥にひっそりと西行庵が佇んでいます。数年前までは、この庵は深い杉や檜の木立に囲まれて咲く桜の姿はあまり良くは見えませんでした。しかし、今年（平成27年）には、庵の前面の針葉樹はすっかり伐採されて、ヤマザクラの林が姿を現しました。これぞ、奥千本です。明るい春の日射しの中で満開の桜を眺めていると、「願わくは花の下にて春死なむ」の歌が、我が身に起きているように錯覚しそうです。

③散る桜～人桜に感ずる

✽ 潔さの裏返しの無情感

「花は桜木、人は武士、柱はヒノキ、魚は鯛、小袖はもみじ、
　　花はみよしの」

2015年4月16日撮影。吉野山奥千本のヤマザクラ。筆者が奥千本のある標高800mまで登ると、ヤマザクラが満開だった。写真の上方に、右から左へ西行庵への小道が見える。

　一休禅師の言葉と伝えられます。「桜の花が一気に散るように武士はいさぎよく、死ぬのがよい。家の柱はヒノキで作るのがよい、魚は鯛がよい、小袖ではもみじの模様がよい、桜の花を見るなら吉野の桜がよい」という意味です。「花は桜木、人は武士」というのは、仮名手本忠臣蔵の台詞の言葉という説もあるそうです。赤穂の浅野内匠頭が殿中で吉良上野介に斬りつけた罪で、即日切腹させられましたが、その時に桜の花が散っていたというのです。

　「ひさかたの光のどけき春の日に
　　　しづ心なく花の散るらむ」

　百人一首、紀友則の和歌。久々に晴れて風もなく、太陽の光がのどかな、こんな春の日に、落ち着きなく、桜の花が散ることよ、というのです。情景が目に浮かんで来るような和歌です。この情景を見て、命のはかなさを想うか、春ののどかさを実感するかは大きな相違でしょう。

　俳句にも多く桜がうたわれています。二首をあげてみました。

　「人生は過失に満てり落下敷く」　　　佐野まもる

「花散りて木の間の寺となりにけり」　　与謝蕪村

佐野の句は、散り敷いた桜の花弁を見て、後悔、残念などの負の気持ちが想像されます。一方、蕪村の句には、風景画としての季節の移ろいがストレートに伝わって来て、そこに悲しみとか、後悔のような気分があるかどうか、私には分りません。

「花のいのちは短くて苦しきことのみ多かりき」

林芙美子作『放浪記』の一節。説明無しで、納得。

与謝蕪村
1716~1784
江戸時代に活躍した俳人、画家。松尾芭蕉、小林一茶と並び称され、「菜の花や月は東に日は西に」など、有名な俳句を多く残した。

林芙美子
1903~1951
小説家。『放浪記』をはじめ「浮雲」「うず潮」など、映画化・舞台化された作品も多く、戦前から戦後にかけてのベストセラー作家の一人。

❀ 樹木学

桜の「花」が散るかどうかは、植物学的に見ると問題のある表現です。ソメイヨシノの「花」は散りません。散るのは花弁です。ソメイヨシノの花弁は、開花時には白色で、花弁の基部は急に細くなって花筒についています（この部分を爪といいます）。爪には横に一本の線があり、開花してしばらくすると、この線から散ります。精核と卵核が合体（受精）して子供（胚）ができたからです。子供ができてしまえば、昆虫や野鳥を呼び寄せる花弁はもう要りません。一時も早く花弁を散らしてしまわないと、エネルギーを無駄にして損をします。ですから、一気に散るのです。人が悲壮な覚悟で無理に死ぬのとはまったく違っていて、新しい子供ができた喜びの証で、ソメイヨシノの花弁が散るのです。サクラの方はめでたし、めでたしなのです。例外的にソメイヨシノの「花」が散ることがあります。それは、雀の仕業です。花托筒をちぎって蜜を吸い、そのまま花を丸ごと下へ落とすのです。朝、桜の下に落ちている花を見ると、花托筒が切り取られているものが多くあります。

スズメはくちばしが太いため、花托筒をちぎり、くるくると花を回して蜜をなめとる。メジロはくちばしが細いので、頭を花に突っ込むようにして蜜を吸う。

4 桜の諺と植物学としての桜

① 桜伐る馬鹿、梅伐らぬ馬鹿

❇ 諺の意味

　桜についての有名な諺ですが、内容の解釈は以下のようにかなり多岐にわたっていて興味深いものがあります。

❶ 桜の枝を切るとその傷口から腐りやすい。梅は切らないと無駄な枝が伸びて翌年良い花実がつかない。余計なことばかりして、肝心なことをしない。
❷ 桜の枝を切ると、傷口を塞ぐことができず、全体が弱ってしまう。梅は切り口から新芽が出て花実の着きが良くなる。同じ切るにも、それぞれの樹木の性格を知るべきである。
❸ 桜の枝を切ると花芽が無くなり、花が咲かなくなる。梅を切らないと樹形が乱れて、花が咲かなくなる。
❹ 桜の枝を切ると新芽が出にくい、梅は切ってもその近くから新芽が出る。
❺ 枝が伸びるにまかせた桜は華麗に花を咲かせ、手入れの行き届いた梅は見事な花実を着ける。
❻ 桜は成長が遅いので枝を極力切ってはいけない。梅は成長が早いので、どんどん枝を落とさないと野方図になってしまう。

　以上の内容を見ると、似て非なる表現が並んでいて、どれも本当のような気がします。諺としては、現象を述べた部分がほとんどで、現象の記述から敷衍して人生の教訓を述べる部分は、❶の「余計なことばかりして、肝心なことをしない。」一つと言っても良いようです。その意味では「桜伐る馬鹿、梅伐らぬ馬鹿」は諺というよりは、単なる昔からの言い伝えと考えた方が良いかもしれません。

❇ 樹木学

　❶と❷の解釈は似た内容で、「桜の枝を切ると切口から腐る、あるいは、切口が塞がらない、その為に、樹木全体が弱ってしまう」というものです。私が調べたソメイヨシノにも、こうした配慮をした上の剪

定があったようです。この諺を科学的に理に叶った表現にすると、「桜を下手に切るバカ」ということだと思います。

諺の❸〜❻の表現は、やや説得力に欠けるようです。

❸については切られた枝に花芽が無くなるのは当然で、その分だけ花が少なくなります。しかし、「枝を切ったショックで樹体全部の花芽が無くなる」と読めなくはないような気もします。しかし、桜にはそんな繊細な神経はありません。

❹は事実とは違っています。桜は萌芽性の強い樹木ですから、切り口の周囲から容易にひこばえが伸びてきます。

❺は広い場所に立つ一本桜の場合には、当てはまります。桜は陽樹で太陽の光が十分でないと生きて行けないからです。しかし、梅との対比では、しっくり来ません。桜は花が問題なのに対して、梅は花に加えて果実が問題にされているからです。

❻も事実とは違います。桜は、成長の早い樹木で、枝を切っても代わりの枝が伸びてきます。この場合、枝を切るというのは、長枝を切ることになりますが、長枝を切るとその長枝の頂芽優勢の圧力が無くなるので、切口の近くから新たな長枝が伸びてくるのです。

桜は、普通あまり頻繁に剪定をしません。しかし、同じサクラ属のオウトウは、品質の良いサクランボを多く収穫する為に、太い幹や大枝も切る大手術をして栽培します。その場合は剪定の季節や回数、切り口への癒合剤の塗布、幹や枝の切り方などを考えた専門的な技術が必要ですが、'枝を切ったら樹木が枯れる'というものでは、ありません。

さて、諺の一方の梅のことはどうでしょうか。❶〜❺まで❹を除いて、大体同じ内容のように想われます。❶の「梅は切らないと無駄な枝が伸びて翌年良い花実がつかない」に要約できるでしょう。❹の「梅は切ってもその近くから新芽が出る」は、「梅は切らなくても切っても同じ」ということになりそうで、「梅切らぬバカ」の主張である「梅の枝は切らなければいけないものだ」とは相入れないものです。

しかし、❹の文言全体「桜の枝を切ると、新芽が出にくい、梅は切ってもその近くから新芽が出る。」を読むと、桜と梅の枝の出方の違いが表現されていて興味深い点があります。

桜も梅も、大枝と側枝と短枝の組み合わせで樹形を作りますが、梅は大枝や側枝から非常に沢山の萌芽（ひこばえ）を出す点が桜と大きく違っています。桜も幹や大枝から萌芽しますが、梅とは比べよ

小田原の曽我の梅林、昇珠園での剪定作業。剪定作業は毎年欠かさず行われ、枝はショベルカーで集めるほどたっぷり出る。梅の枝を燃やして得た灰は、陶芸の釉薬に使うこともある。

うもないほど萌芽の本数が少ないのです。

　梅は切口から多くの緑色の萌芽を伸ばし、少し離れた場所から見ると、まるで山嵐の毛のように見えます。その中から勢いの強い枝が上に伸び出しますが、その数が多いので、数年すると立った枝が目立つようになります。さらに、梅は生長が早いうえに頂芽優勢の力が強く、上に向かってグングン伸びる性質があります。こうして放置された梅は、大枝と側枝と萌芽がぎっしり並び立ち、数年の内に密生する薮のような姿になります。こうなると密生する薮の中心の枝葉には太陽の光が届かなくなり、弱って来て、花も実も着かなくなるのです。

　解釈❶の「梅は切らないと無駄な枝が伸びて翌年良い花実がつかない」は、このことを言っているのでしょう。そうならない為に、梅の枝は切らねばならないのです。特に、梅の実を収穫する農家にとって枝の剪定は大切な作業になります。

②桜を庭に植えると、家が傾く

✽ 諺の意味

　九州地方では、「桜を庭に植えると、家が傾く」という諺があるそうです。庭に植えた桜の幹の近くの根が丸太のように盛り上がってきて、家の土台を持ち上げ、家が傾く、と言うのです。桜は陽樹で成長が早いので、苗を植えてから20年もすると、このような事が起きる可能性があります。20代で結婚して、家を新築した夫婦が中年になる頃に問題が起きるというわけです。

　また、多くの種類の桜は、幹が下の方で数本の大枝に分かれ、比較的低い角度で斜め上に伸びる性質があります。その為、逆三

2015年3月22日撮影。ソメイヨシノの地上の根。幹の直径40cmのソメイヨシノの根が、地上に盛り上がっている。

角形や半球形の枝の広がり（樹冠）を作ります。枝葉は幹を中心に直径10m位の範囲を占領しますから、狭い個人住宅の庭では厄介者になり、大枝が家屋に支障を来す可能性もあります。枝の伸張の為に日陰が増えて、その結果家運が傾くという意味かも知れません。

✾ 樹木学

　サクラの根は浅根性で、地下10cmくらいにだけ水平に根を張っていると考えている人がいます。しかし、実際は、桜は斜め下に伸びる根や、垂直に伸びる根などがバランス良く伸びていて、樹木の中では垂直に伸びる根を持つ深根性のクロマツと浅い水平根だけを持つ浅根性のヤブツバキの中間的な性質を持っています。ただし、桜の根は幹に近い場所の水平根が地上に盛り上がってくる特徴があるようです。

　実際に問題を抱えたお宅があります。静岡市にお住まいの内野直美さん宅で、玄関先に60年前に植えたシダレザクラが高さ17m、幹の直径50cmの大株に成長して枝が屋根を壊しそうな気配です。枝張りは南北8m, 東西8mあり、直立する幹は地上5mで、5本の大枝に分かれています。そのため、造園会社の専門家に依頼して根元からこのサクラを伐採することになりました。40才くらいのベテラン庭師が、弟子を二人連れ、クレーン車に乗ってやって来ました。内野さんのお宅は住宅地の中にあって、問題のサクラを根元から切り倒すことができません。庭師が一人で大枝に登って、上の方から順々に枝を切り落とすのです。といっても単に鋸で大枝を切ればよいという

わけには行きません。芽を吹く直前の枝は、たっぷりと水を吸い上げてとても重く、また上方に向かって沢山の枝に分かれた大枝は、切り離された後でどのように動くのかを見極めなければ非常に危険です。

　庭師の水野真介さんが、大枝が分かれた辺りまで登りました。大枝は枝分かれしながら水野さんの足元から斜め上方へ伸びています。先ず、お弟子さんの一人がクレーンの先端から丈部なベルトを伸ばしてこの大枝の先を固定しました。それから、水野さんは鋸を入れる足元から1mばかり枝先に向かった位置の大枝をロープで縛って、その先を別のお弟子さんが幹の方向へ強く引いて固定しました。これで、準備は完了です。水野さんは、この大枝を自分が立っている足元に近い所からチェーンソウで、あっという間に切り離しました。しかし何事も起きません。切られた大枝は、幹側の切り口に押し付けられて動きません。クレーンの先端のベルトと強く引いたロープのバランスで動かないのです。クレーンのベルトを持ち上げ、ロープの引きを同時に緩めると、切られた大枝は、ぐらりと動いて、ヤジロベエのようにベルトを支点にして水平になりました。見事な伐採の技です。この後は、ロープの位置を変え、クレーンの腕を回してゆっくりと切り離した大枝を空き地に降ろすだけです。こうして上の方から順に切られた枝が地上に降ろされ、最後に幹が切れて、空が大きくなって作業が終了しました。切り株から厚さ5cmの円盤を切り出して見ると、ずっしりと重く、湿っていて、干し柿のような強い匂いがありました。生きている幹の実感が伝わってきます。

2015年2月20日撮影。シダレザクラの大木を上からクレーンで吊るし、右からロープで引っ張って固定した大枝を、基部からチェーンソーで切断する。

5　桜の利用と樹木学

①食用としての利用

❀ 桜餅

　サクラの葉を利用した菓子に桜餅があります。桜餅はソメイヨシノの片親であるオオシマザクラの葉を塩漬けにして、餅を包みます。二種類あって、関東風と関西風があります。将軍徳川吉宗が享保2年（1717年）に江戸の隅田川沿いにサクラを植えさせました。その年、隅田川の左岸にある長命寺の寺男山本新六が、落葉を醤油樽で塩漬けし、餅に巻いて売り出したのが関東風の始まりとされます。それで、別名を長命寺と言います。山本は寺男といえども、苗字を持つ身分だったのでしょう。当初はどのようであったか定かでありませんが、小麦粉の焼き皮であんこを包みます。現在も向島で関東風のサクラ餅が販売されています。

　関西風は、別名を道明寺といいますが、大阪南河内の尼寺である道明寺で作った干飯（ほしいい）が有名だったことに由来します。つまり、道明寺とは、餅米を加工したものです。餅米を水に漬けた後に、水切りして蒸し上げ、それを天日干しして乾いたら、石臼で挽いて砕いたものです。蒸した道明寺であんこを包んで、桜葉を巻きます。関西風は関東風を真似たことが始まりで、京都や大阪など関西と、日本海側の地域に広がりました。一方、関東風は関東一円や静岡県で見られます。

焼き皮であんこを包んだ関東風の桜餅（左）と、蒸した干し飯であんこを包んだ関西の道明寺（右）があります。

桜餅はひな祭りのお祝いの菓子として喜ばれ、おおいに普及しています。また、筆者は桜の名所・吉野山に近い温泉宿で、夕食に甘鯛と道明寺をあしらった蒸し物の一品「甘鯛桜蒸し」に出会いました。料理長の柿原聖吾さんに伺うと関西に限らず、日本料理の一品としてもごく普通に道明寺が用いられているとのことでした。

　桜餅が日本人にとって馴染み深い菓子になって久しいのですが、現在では塩漬けの桜葉の生産が追いつかない状況のようです。しかも、これを生産しているのは伊豆半島の南西部の静岡県松崎町にある小泉商店他3社のみなのです。もう随分以前から、私はこのことを知って大いに興味を持っていましたが、小泉邦夫社長を尋ねて、珍しい桜葉漬けの現場を拝見、話を伺うことになりました。先ず小泉社長が強調したのは、サクラの葉では無くて「桜葉」(さくらば)であるということです。茶処静岡では茶の葉とは言わず、茶葉といいます。それと同じで桜葉なのです。小泉社長の心意気を感じました。

　明治時代に、国府津(現小田原市)の漬物屋の下請けとして南伊豆の子浦に桜葉の塩漬けが定着、松崎町へは昭和30年代前半に伝わりました。小泉商店の初代社長はこの頃に桜葉の塩漬に乗り出し、二代目社長が昭和34年に工場を建設しました。小泉邦夫社長は三代目で、事業は大きく発展していますが、桜葉栽培農家の高齢化という大きな問題もあります。工場には、間口2m、高さ2mの大きな木製の30石樽が並んでいます。一つの樽に約4万束、200

2015年4月16日撮影。甘鯛桜蒸し。一塩の甘鯛と蒸した道明寺を重ねて桜葉で巻き、更に軽く蒸し、あんをかけ、百合根の花びらをあしらう。春爛漫の一品。

2015年7月29日撮影。並んだ漬け樽。大きな樽は直径と高さが2m、元は醤油醸造用だった。これ1樽に200万枚の桜葉を漬ける。

2015年7月29日撮影。桜葉の塩漬け作業。桜葉50枚を一束に縛って容器に並べ(上左)、粗塩をかけ重しをして(上右)半年間漬け込む。大樽には人が入っての作業になる(下)。

万枚の桜葉を漬け込みます。この樽はかつてキッコーマン醤油の会社で使っていたものとのことです。江戸時代に桜葉の塩漬けを開発した山本新六と同じ方法なのが面白いと思います。桜葉の収穫量が少ない時はもっと小さい樽が使われます。

いずれにしろ、圃場で収穫された桜葉は「まるけ」と呼ぶ作業で50枚づつ茅で束ねられて樽に並べられ、その上から粗塩が掛けられます**(上左、右)**。塩分濃度は25%にもなります。炎天下での桜葉の収穫作業と茅の「まるけ」作業は根気の要る作業です。塩と共に樽に並べられた桜葉は、前に述べたように30石の樽の場合200万枚にもなります。上に1トンの重石が乗せられ、半年間漬けられます**(下)**。その後、ベッコウ色になった桜葉は18%塩分濃度に調整されて出荷されます。現在、松崎町には約100軒の農家が栽培に従事、年間4千万枚の塩漬け桜葉が出荷されています。

上に述べた温泉宿で、ベッコウ色と違って緑色の葉で包まれた菓子を見ました。葉は塩漬けよりも大きく、葉の縁の鋸歯も大きいようで

す。そのことを小泉社長に尋ねると、塩漬けでなく、冷凍の桜葉も出回っているとのことです。そういえば、夏の水羊羹が、緑色の生葉のような桜色で包んであることに気がつきました。

❋ 桜湯

八重咲きの花の塩漬けを湯に浮かべて桜湯として楽しみます。八重のサクラは、ソメイヨシノが終わった4月中下旬に咲きます。園芸品種の「普賢象」、「関山」、「一葉」など小花柄が長い花が適しています。小花柄のついた満開前の花を二個づつ小花柄ごと摘み取ります。花を水洗いして笊の上で、二〜三時間陰干しします。桶のような容器を用意し、花を入れ、花の重さの二割の荒塩をかけて、重石をします。水が上がってきたら、その水を捨て梅酢を振りかけて一週間ほど経ったら陰干しして出来上がりです。あとは容器に塩を良くまぶして蓋のついた容器にいれて保存します。*3-5-1

桜湯は、見合いや婚礼など、祝いの席で用いられることが多い。桜の花の塩漬けは、ほかにあんぱんやおにぎりの風味付けに使われることがある。

*3-5-1
(小笠原、1992)

❋ 樹木学

サクラの葉にはクマリンという成分があります。オオシマザクラの葉の塩漬けも八重桜系の花の塩漬けも、何れも生きている時には香りがありません。クマリンの成分は細胞の中の腋胞にあります。細胞が壊されて腋胞の成分と外部の酵素が反応してクマリンが出来ます。$C_9H_6O_2$から成り、天然の香り成分で抗酸化作用や抗菌作用もありますが肝毒性があり、日常継続的に大量摂取することは好ましくありません。桜葉の塩漬けを6枚で白身魚を包んだ料理が紹介されていますが、桜葉のクマリンは大量摂取が肝臓に有害なのが、気になります。しかし、少数の桜餅で食べる位では問題ありません。*3-5-2

*3-5-2
(小林、2010)

②サクラ属の果物

❋ オウトウ

サクラ属の果物は、核果類と呼ばれ、果物の中で特徴のある位

サクランボ2種類。シナミザクラの果実は暖地オウトウといって、最近栽培されている。2015年5月8日撮影。(上左)。ウワミズザクラの果実酒は杏仁子酒といい、新潟県で昔作られたそうです。蕾の塩漬(杏仁子)は今でも食べられます。1979年7月29日撮影。

置を占めています。サクランボは、オウトウ(桜桃)です。ヨーロッパやアメリカから明治時代に輸入され、現在では盛んに栽培されるようになりました。甘みの強い甘果オウトウと酸味のある酸果オウトウがあります。サトウニシキ(佐藤錦)は甘果オウトウの代表です。生食に向いた大粒で一個のサイズが縦2cm、横2.3cmで、重さ6〜10gもあり、形が良く、黄色地に鮮紅色に着色します。

　最近、暖地オウトウという名前で、シナミザクラのサクランボが鉢植えなどとして出回っています(上左)。新潟県では苦く強い塩味がするウワミズザクラの蕾の塩漬け(杏仁子)をご飯と食べると夏負けしないといいます(上右)。

✻ ウメ

　ウメは古く、奈良時代には日本で栽培されました。梅干は私達には馴染み深いものですが、食品としては、「白干梅」といいます。昔ながらの塩のみで漬けた梅の果実ですが、様々な調味料や色素で染めたものがあります。一般的なのは、赤紫蘇の葉で染めた「紫蘇梅」です。紫蘇と一緒に塩漬けにした後、土用干しといって、夏の

ウメの実。青梅の出る6月には「梅仕事」という言葉もあり、梅干し、梅酒、梅シロップなど様々な保存食に使われる。

モモの実。生食が多く、缶詰、ジュース、ネクター、菓子などに加工される。生食用は日持ちが悪いので貯蔵されない。

暑い日射しに3日ほど日干しにしたものを「白干梅」と呼びます。江戸時代から多く家庭でも作られて来た梅干です。筆者は小学生の頃に、学校から帰ると庭先に笊に入れた梅干が干してあって、つまんだものです。調味料で味付けしたものは、JAS法で調味梅と決められています。果実が大きくて、種子が小さい和歌山県の「南高梅」は、みなべ町の高田貞楠という人が見つけて「高田梅」と名付けたのが始まりで、今では大人気です。

❁ モモ

　モモには、果皮に毛のある普通桃と、毛の無いネクタリン、果実が扁平なバントウがあります。梅雨の終わりに実る早生品種、盛夏に実る中生品種、盛夏過ぎに実る晩生品種があります。バントウは日本では栽培されて居ないようです。代表的な園芸品種は20品種位で、大部分は普通桃です。東日本では白鳳、あかつき、ゆうぞらなど果皮が赤くて、輸送性の優れた品種、西日本では、白桃など果皮が白くて多汁の品種が多く栽培されています。

*3-5-3

*3-5-3
(杉浦, 2014)

2012年7月23日撮影。キルギス、イシク・クル湖北岸。アンズの実。果肉と核が離れ易いので食べ易い。種子の中の仁を粉にして寒天で固めたものが杏仁豆腐。現在の日本ではアーモンドで代用されていることが多い。

❁ アンズ

　アンズは英語名をアプリコットといいます。果実は梅とちがって熟すと黄色く、甘みが増して美味しくなります。また、離核性といって内果皮の核と果肉が離れ易いので、食べ易い果物です。6月下旬〜7月上旬に熟します。干アンズやジャムにします。園芸品種は東洋系の'平和'、'幸福丸'や西洋系のアーリーオレンジ、ライバルなどがあります。長野県千曲市の「アンズの里」は有名です。

スモモの実。果皮に毛がない。欧州産のものをプルーンと言う。

❋ スモモ

　スモモは果皮に毛が無く、白い粉状のものがあります。ニホンスモモとプルーンとがあります。ヨーロッパ産のスモモをプルーンと呼びます。ニホンスモモは日本産ではなく、中国と日本からアメリカに輸入されて、アメリカスモモなどと交配されてできた園芸品種として、日本へ入って来たものです。

＊3-5-4
（吉田、2013）

＊3-5-4

❋ アーモンド

　アーモンドは、ヘントウ（扁桃）、ハタンキョウ（巴旦杏）とも呼ばれます。果肉では無く、種子の中の仁を食用にします。有史前に南ヨーロッパや北アフリカに伝わり、現在は地中海沿岸とアメリカのカリフォルニアが主産地です。日本へはカリフォルニア産が多く輸入されています。輸入した種子から仁を取り出し、油で揚げ、塩と調味料、植物油で味つけをし、ピーナッツのように包装して出荷します。日本での栽培は少なく、小豆島などが知られています。

2015年7月13日撮影。アーモンドの果実は楕円形で堅く、夏に割れて核が落ちる。日本での栽培は少なく、一般の人が果実を見る機会はほとんどない。

第3章　人と桜

✿ 樹木学

　花見や詩歌のなどに関しては、人間のサクラを観る目と樹木学的意味の間に一致点は無いようですが、果物栽培では、この二つは良く一致しているようです。というより、人間が、果樹の成長特性や生態的な特徴を良く知らないことには、良い果実が得られないからです。果樹の適正な栽培に欠かせない、幹や枝の剪定、受粉樹の選択、摘果、施肥、水管理、土壌の管理などが適正でなければ収穫は期待できません。現在の日本の農業技術は非常に高いレベルにありますが、なお、関係機関で熱心な研究が続けられています。それが、サクラの管理の大きな参考にもなっています。

③建築材や工芸品などの利用

✿ 器具材と版木

　ヤマザクラやオオシマザクラの材は、建築材や器具材として広く利用されて来ました。材が緻密で堅く、光沢があって美しいのが喜ばれます。

　版木は文字や図画を彫り込んだ木版で、本や木版画を刷る為に江戸時代に盛んに使われ、現在も使われています。版木には削り易いシナノキの材も使われますが、それは素人が年賀状を彫る時の話で、本格的な木版には、桜の材を使います。

京都、竹笹堂の木版印刷の様子。版木にはヤマザクラが使われている。材が堅くて均一なため、江戸時代の版木を修復して刷ることもできる。

❋ 樹木学

　これらの用途に関しては、サクラ材と呼ぶことが普通のようですが、サクラ材に似て非なるものに、樺桜材というのがあります。この材の本体は、白樺の仲間のウダイカンバ（別名マカンバ）*Betula grossa* で、黄色を帯びた材がサクラ材に似ていて、木材関係の世界ではサクラ材として通用しています。しかし、植物学的にカバザクラといえば、蒲桜と書くサクラの園芸品種で、材とは何の関係もありません。埼玉県北本市の東光寺に古くからある桜で、国の天然記念物に指定されたヤマザクラとエドヒガンの雑種と推定されている品種です。

　版木に関しては、中国では梓の材で版木を彫るが、日本では桜を使うと『大和本草』にあると言われます。日本では、目がつまって堅いため、桜の木が最良の版木とされました。図書を出版することを、上梓というのは、中国の版木からきていると説明されています。梓は、日本では白樺の仲間のミズメ（別名ヨグソミネバリ）*Betula grossa* のことで、中国ではキササゲ *Catalpa ovata* を意味します。中国では、梓の材を版木に使い、上梓は出版の意味があります。従って、上梓の意味は正しいのですが、植物の種類が日中で違うことになります。キササゲは中国産の落葉樹で日本では公園に植えられますが、何時頃日本に渡来したか、明確ではありません。キササゲの材は軽く、下駄、器具、版木にすると説明されていますので、案外古く日本に渡来していたかも知れません。しかし、軽い材で版木にされるのですから、日本のシナノキのような材で、堅牢さの点で桜材には及ばなかったのでしょう。「桜の材は、目がつまって堅いため、桜の木が最良の版木とされた」という指摘もありますが、目が詰まる、の意味が明瞭ではありません。桜の材は、すでに述べたように散孔材で導管の直径が小さく、年輪と関係無く、材一面に散らばっています。この為、材は堅さが均一で削り易い性質を持っています。それに重厚で強度に優れているので、版木として回数の多い使用に耐えるのです。この様な材の性質は、カバノキの仲間であるミズメも散孔材で、同様です。

❋ 樺細工の歴史

　『広辞苑』に、ポルトガル語の日本語辞書によれば、樺とは桜の樹皮のことであり、また樺の木、特にシラカバ（白樺）*Betula platyphylla* のこととあります。樺細工の「樺」の語源ははっきりしていませ

*3-5-5
（川崎, 1993）

*3-5-6
（井筒, 2007）

*3-5-7
（鈴木, 1988）

*3-5-8
（初島, 1989）

*3-5-9
（井筒, 2007）

*3-5-10
（新村, 2008）

んが、「迦仁波」という古語がもとであるという説があります。迦仁波は元来山桜の樹皮を意味する言葉で、それが変化して「樺」となったのではと考えられているそうです。

筆者は、秋田県仙北市にある冨岡商店を訪問しました。冨岡商店は、樺細工の製造販売を中心に事業を展開する有限会社です。冨岡浩樹社長にお目にかかって、話を伺いました。

角館に樺細工の技法を伝えたという武士、藤村彦六による樺細工「鞘入三段印籠」。角館樺細工伝承館所蔵。

秋田県北部山間地の神官である御処野家から天明年間(1781~1789)に、桜の樹皮細工の技法が佐竹北家の武士藤村彦六に伝授されたのが始まりで、藩主の庇護により、角館の下級武士の生活の手内職として発展しました。明治に入ると、困窮した士族の生活を援助する授産として位置づけられた歴史があります。

昭和3年(1928)には「国立工芸研究所」が仙台に設立されました。この研究所は12年後に東京に移転となり、その後各地に指導所が設立されました。樺細工に関しては、昭和17(1942)年に「秋田県樺細工指導所」(秋田県工業技術センター分場)が創設されました。やがて、昭和26(1951)年に「秋田県樺工芸指導所」と改名されました。また昭和31(1956)年に「角館工芸共同組合」が設立されました。そして全国でも例を見ない製造部門が残存し、試験研究が行われています。現在、この組合と製造部門を併設する産地問屋5業者と併せて6組織が樺細工を担っています。

東北地方では縄文時代からサクラやシナノキ、クルミなどの樹皮が様々に利用されて来たことが判っています。ですから、樺細工の技法を伝授される遥か以前から、営々と受け継がれて来た文化のような気がします。また、本州の中、南部でも桜の樹皮を巻いた鉈の鞘は良く見られることですから、東北だけでなくもっと広い地域でこの文化が広がっていたでしょう。冨岡社長は、奈良県から2000年ほど前の製造された樺細工が出土されています、と話されました。

＊3-5-11
(名久井、1993)

❁ 現在の樺細工

現在、樺細工では桜の樹皮を巻いた茶筒、小箪笥、皿、盆などが作られています(次頁)。桜の樹皮はチョコレート色で光沢があり人気があります。非常に美しく、高貴な感じがする細工物です。高

2015年6月26日撮影。樺細工の茶筒(右)と作業の様子(下)。木製の箱に桜樹皮を熱したコテを当てて貼付ける、根気の必要な作業。茶筒が高価な工芸品であることがうなづける。

価でもあって、角館町の武家屋敷が集まる一角にある同社の展示場アート&クラフト「香月」では、一本帯無地茶筒の売値が2万3,000円、二本帯茶筒が3万円です。筆者はオリンピックを契機に、将来益々増加する外国人観光客に対して日本の伝統工芸を紹介するよい時代が訪れるような期待を持ちました。

近くにある角館樺細工伝承館では、樺細工230年の伝統が育んで来た名品の数々を展示、樺細工の細工実演が行われています。私は、経済産業大臣指定伝統工芸品・伝統工芸士の高橋正美さんの実演を拝見しました。ちょうど、筆入れのような木製の小箱にサクラの樹皮を貼付ける作業をして居られました。膠を塗った下こしらえをした皮に暖めたコテを当てて貼付けるのですが、何度もコテの温度を確かめながら慎重に皮を伸ばして行きます。見ていて気が遠くなるような一見単純な作業ですが、ここに地道な伝統工芸士の技があるのです。

冨岡社長は、伝統工芸品として着実な発展に努力しているが、幾つかの問題を抱えている。その一つは中国からの粗悪品の輸入であり、また、サクラ樹皮の調達に問題があって、樹皮をはがれたサクラが枯死するとの意見がある、と話されました。中国からの粗悪品は、対応できない安価で日本のデパートなどに進出し、本物の

樺細工を知らない購買者を惑わすのが困ることです。これには、最近改正された日本の種苗法が、そのような他国の干渉を排除する法律として施行されているのを活用する必要があると思いました。また、樹皮の調達は、植物学的な内容なので、以下に述べます。

✻ 樹木学

　樹皮を加工して作る工芸品にはいろいろあり、特に白樺の樹皮を使ったものが知られています。白樺細工は、やはり同じように白樺の樹皮をはぎ、表面の外皮を取り去って使います。等幅のテープ状に切ったものを編んでかごなどに加工します。ほかにヤマブドウなどの樹皮も工芸に使われますが、桜の樺細工のような工程を経て作られるものは、ほかにはありません。

　サクラの樹皮は、かつては、角館を中心とする秋田県内に自生するオオヤマザクラとカスミザクラから採取していましたが、今では東北一円に広がっている状況で、山地に自生する自然の材料だけで無く、人工的に植林する方法が模索されています。また、東北地方には分布していないヤマザクラやオオシマザクラ、などにも注意が向けられています。このような状況の中で、樹皮の採取によるサクラ株の枯死が問題になっているのです。*3-5-12

　樺細工用のサクラの樹皮は、8月に採取するのが良いとされます。6～7月の降雨で十分水分が樹体に行き渡っていた後で、乾燥した環境にはいった時、樹皮がはがれ易いからです。幹の直径10cm以上（樹齢20年位）の幹の樹皮に縦の切れ込みを入れます。この時甘皮を切ってしまうことが無いように浅くナイフの刃を入れます。それから、刃物を使いながら薄く（数mmの厚さ）に樹皮をはぎ取ります。このような方法では、殆ど外樹皮のみがはがされることになります。

*3-5-12
(佐々木、2003)

樺細工に用いられる樺、10種類。樺になるのはオオヤマザクラ、カスミザクラ、ヤマザクラなどの野生種。樹齢30～40年から使われ始める。ひび皮は、割れたような独特の風合いを見せる樹皮で、オオヤマザクラの老木に時折見られる貴重なもの。

すでに第2章で解説しましたが、サクラの樹皮の外樹皮は薄いコルク組織からできていて、その下に師部の組織があり、さらにその下に樹木を太らせる重要な維管束形成層があります。師部の細胞壁は薄くて柔らかく、師部の細胞は、葉で作られた糖類や澱粉などの栄養分を根に降ろす働きをしています。それで甘皮といいます。甘皮と維管束形成層が傷つけられると樹体には深刻な影響となります。不要な樹木を枯死させる林業の方法として"環状剥皮"といって樹皮を環状に維管束形成層まではぎ取る方法があります。樺細工用のサクラの樹皮の剥離は、環状剥皮と違って維管束形成層、師部が無事なのですから、幹が枯死する危険は非常に低いのです。但し、幅40cm位を大幅に越えて数mに及んだりする場合は別です。この場合は内側の重要な組織が乾燥して幹の枯死に繋がるのです。

　檜の樹皮を"ひわだ"といってはぎ取って屋根を葺く事が昔から行われてきました。この方法もサクラの樹皮の場合と同じです。違う処は、檜の外樹皮はサクラより遥かに厚く、細胞がサクラと違って横では無くて縦に長い作りになっていて、樹皮をはぐ場合は縦に長くはぎ、環状にはぎ取ることが無いからです。それで、一度、はがされた樹皮は数年後には回復することが観察されるのです。

*3-5-13
(佐々木、2003)

　一方、たとえ幹が枯死しても、サクラの株自体が枯死する事はありません。幹の根元と根は生きていて、幹の根元から新しい芽を出します。ですから、ひどく樹皮をはがれた幹は根元から伐採して、新しく萌芽させた方が良いのです。また、根からも萌芽することがあります。シウリザクラは特に根萌芽が盛んで、一直線に伸びた根から何本もの若い幹が一列に並ぶようになります(→p144)。

　筆者は、これからは、樺細工の為に杉や檜の人工林のようにサクラの人工林を造成して、利用することが良いと考えます。その場合には、樹皮をはいだ幹の外樹皮の回復を待つか、幹を伐採して萌芽による幹の再生を待つ方法があります。日本では薪炭林を活用する林業が長い間行われてきました。それはコナラやクヌギを植林して20年位で幹の根元から伐採し、出てくる萌芽枝が成長したらまた伐採するという里山の林業です。今は里山の林業は過去のものになりつつありますが、そこで培われた技術や経験が新たな樺細工のための広葉樹の林業に生かされることが期待されます。

おわりに

　私は、サクラの分類はとても難しいものと敬遠していました。ある時、桜の分類の権威である川崎哲也先生から、ソメイヨシノの花を支える筒の形の特徴について御教示頂きました。それが桜への興味に目覚めた契機でした。

　先生は私が勤務する国立科学博物館の標本庫へ通われてボランテアとしてサクラの押し葉標本の鑑定と整理をして居られましたが、平成14年に突然病を得て逝去されました。本当に残念なことでした。

　私には、先生のように難しいサクラの種類を判別する才能がありません。そこで、私は博物館の研究員として、博物学的なサクラの理解と知識の普及を目指そうと思いました。それは、サクラを生きた個体として、姿形や生き様を植物学の知識で分りやすく解説してみることです。

　サクラを樹木としてとらえ、樹木学の手引書の心積もりで本書を執筆しました。

引用文献 日本語・中国語・韓国語

相場芳憲、2010. ソメイヨシノの出自, 永田洋編(編)『さくら百科』, 74-78pp、丸善、東京.
相場芳憲他、2010b. ソメイヨシノのしたたかさ, 永田洋編(編)『さくら百科』, 79-82pp、丸善、東京.
秋山忍、2003. サクラ, 大場秀章, 秋山忍(編)『ツバキとサクラ』, 岩波書店、東京.
阿部薫・井上重雄他、2001.『モモの作業便利帳』, 農文協、東京.
アレン, B. M.、庄田与男(訳)、1999.『アーネスト・サトウ伝』, 東洋文庫、平凡社、東京.
石川晶生、2010. 日本のサクラ品種, 永田洋編(編)『さくら百科』, 2~10pp、丸善、東京.
井筒清次、2007.『桜の雑学事典』, 日本実業出版社、東京.
岩崎文雄、1999. ソメイヨシノとその近縁種の野生状態とソメイヨシノの発生地, 筑波大農林研報, 3:95-110.
呉征鎰、1986. トウオウカ, 呉征鎰(編著), 許田倉圃(訳)『雲南植物志』Vol.3:633-634. 中国雲南人民出版社, 日本版出版協会, 東京.
梅田操、2009.『梅のルーツ』, 成分堂新光社、東京.
王賢栄、2014.『中国櫻花品種図志』, 科学出版社、北京.(中国語)
大橋広好、1989. バラ科, 佐竹義輔他(編)『日本の野生植物』, 木本 I、179-180pp、平凡社, 東京.
大橋広好他、2007.『国際植物命名規約(ウィーン規約)』, 日本植物分類学会、上越市.
大場秀章、1989. サクラ科, 佐竹義輔他(編)『日本の野生植物』, 木本 I、平凡社, 186-198pp、東京.
大場秀章他、2007.『新日本の桜』, 山と渓谷社、東京.
小笠原亮、1992.『NHK趣味の園芸作業12か月・サクラ』, NHK出版、東京.
小川みふゆ、2009. シウリザクラ, 日本樹木誌編集委員会(編)『日本樹木誌』, 日本林業調査会、東京.
岡本素治、1999. 鳥と多肉果のもちつもたれるの関係, 上田恵介(編著)『種子散布』, 築地書館、東京.
笠井敦, 矢野修一他、2002. クスノキの展葉フェノロジーに対応したdomatiaの空間分布パターンとフシダニの発生消長, 日本応用動物昆虫会誌, 46:159-162.
勝木俊雄、2015.『桜』, 岩波新書、1534、岩波書店、東京.
苅住昇、1987.『新装版・樹木根系図説』, 誠文堂新光社、東京.
川崎哲也、1993.『日本の桜』, 山と渓谷社、東京.
川西英之、2003. 千葉県史料研究財団(編), 『千葉県植物誌』, 287p、千葉県、千葉市.
河原孝行, 渡邊定元、2009. 分布図の仕様・利用案内, 日本樹木誌編集委員会, 日本林業調査会、東京.
川辺禎久、2008.『伊豆半島火山地質図』, 地質調査所、つくば市.
缶徐琳, 谷粹芝、2003.『中国高等植物』, 6巻:442-794, 青島出版社、青島.
北村四郎, 村田源他、1961~1979. シリーズ、『原色日本植物図鑑』, 保育社、大阪.
国重正昭, 斎藤新一郎他、1989. 塚本洋太郎(監修)『園芸植物大事典』Vol.4:510-512, 小学館、東京.
久保田秀夫、1982. サクラの分布, 日本花の会、『サクラの品種に関する調査研究報告』, 27-30pp、東京.
久保田秀夫, 松田行雄、1997. サクラ属, 清水建美(監修)『長野県植物誌』, 661-671pp、信濃毎日新聞社、長野.
小池洋男、2006.『NHK 趣味の園芸 よくわかる栽培12か月 リンゴ』, 日本放送出版協会, 東京.
国際園芸学会、2008.『国際栽培植物命名規約』, 特定非営利活動法人栽培植物分類名称研究所(訳), アボック社、鎌倉市.
呉征鎰(主編)、1986.『雲南植物誌』, 中国雲南人民出版社, 許田倉圃(訳).
小林淳子、2010. 桜の菓子・料理, 永田洋(編)『さくら百科』, 216-219、丸善、東京.
小林勝、2011. 弘前方式によるサクラ管理育成法, 『弘前公園さくらフォーラム』, 7-19、弘前市.
小林義雄、1982. 形態, 本多正次・林弥栄(監修)『サクラの品種に関する調査研究報告』, 36~46pp、日本花の会、東京.
小林義雄, 中村恒雄他、1989. 掘田満他(編)『世界有用植物事典』, 平凡社、東京.
近田文弘、1994. コクサギとアオキの気根の発生と無性繁殖, 国立科学博物館 研究報告, B20: 157-161.
近田文弘、2007.『伊豆須崎・海岸草木列伝』, トンボ出版、大阪.
近田文弘他、2009.『眠れる楊貴妃の謎ときー植物季語と植物学』, 永田書房、東京.
近田文弘、2014.『ずかん たね』, 技術評論社、東京.
斎藤正二、1989. 掘田満(編)、『世界有用植物事典』, 856~857、平凡社、東京.
佐々木在一、2003.『樺細工事 樺に関する調査・研究報告書』, 角館町他.
佐竹正行他、1993.『オウトウの作業便利帳』, 農文協、東京.
佐竹義輔, 大井次三郎他(編)、『日本の野生植物』, 1981-1989、平凡社, 東京.
佐野藤右衛門、1998.『桜のいのち語のこころ』, 草思社、東京.
塩崎雄之助、2012.『リンゴの整枝せん定と栽培』, 農文協、東京.
志賀重昂、1894.『日本風景論』, 政教社、東京.
新村出、2008.『広辞苑』, 第6版, 岩波書店、東京.
森林総合研究所多摩森林科学園(編)、2013.『桜の新しい系統保全』, 多摩森林科学園、八王子市.
島地謙他、1985.『木材の構造』, 文英堂、東京.
清水建美、1990. 学名, 塚本洋太郎(監修)『園芸植物大事典』, 39p、小学館、東京.
清水建美、2001.『図説植物用語事典』, 八坂書房、東京.

清水建美, 近田文弘、2003. 帰化植物とは, 清水建美(編)『日本の帰化植物』, 平凡社、東京.
下均、2001. 吹き上げ御苑の今、昔, 国立科学博物館皇居調査グループ(編)『皇居吹上御苑の生き物』, 日本文化社、東京.
白幡洋三郎、2015.『花見と桜』, 八坂書房、東京.
新彊八一農学院(編著)、1982.『新彊植物検索表』, 第二冊、新疆人民出版社、烏魯木斉.
杉本順一、1984.『静岡県植物誌』, 第一法規、東京.
杉浦明(編)、2014.『新版 果樹栽培の基礎』, 農文協、東京.
鈴木択郎(編)、1988.『中日大辞典、増補第二版』, 大修館書店、東京.
染郷正孝、2000.『桜の来た道』, 信山社、東京.
高橋秀男、1971. フォッサマグナ要素の植物, 神奈川県立博物館研究報告, 第2号:1~63.
竹林滋他(編)、2002.『研究社、新英和辞典』, 第6版, 研究社、東京.
田中淳夫、2012.『森と近代日本を動かした男・山林王土倉庄三郎の生涯』, 洋泉社、東京.
田中秀明, 和田博幸、2010. 桜の園芸品種, 永田洋編(編)『さくら百科』, 267-304、丸善、東京.
田中修、2008.『葉っぱのふしぎ』, ソフトバンククリエイティブ、東京.
谷弥兵衛、2008.『近世吉野林業史』, 思文閣出版、京都市.
谷粹芝、2003.『中国高等植物』Vol.6:782~783pp、『中国高等植物』Vol.6, 青島出版社、青島.(中国語)
中国科学院昆明植物研究所(編著)、2006.『雲南植物志』第12巻, 科学出版社、北京.
趙武行、1989.『原色韓国樹木図鑑』, 園書出版、京城.(韓国語)
傅立国他(編)、2003『中国高等植物』Vol.6, 青島出版社、青島.(中国語)
塚本洋太郎(監修)『園芸植物大事典』, 小学館、東京.
トーマス, ピーター、2001. 熊崎実(訳)、『樹木学』, 築地書館、東京.
豊国秀夫、1988.『植物学ラテン語辞典』, 至文堂、東京.
長村祐次他、1988. 塚本洋太郎(編)『園芸植物大事典』, 332p、小学館、東京.
中尾佐助、1966.『栽培植物と農耕の起源』, 岩波書店、東京.
中西弘樹、1999. 鳥散布果実の色と大きさ, 上田恵介(編著)『種子散布』, 築地書館、東京.
中村輝子、2010. 永田洋編(編)『サクラ百科』、丸善、東京.
名久井文明、1993.『東北日本における樹皮利用の分化―加工技術の体系と伝統 ―国立民族博物館研究報告, 18(2): 221-301.
西田正憲、2007. 海岸の風景と海岸林, 日本海岸林学会静岡大会シンポジウム.
日本樹木誌編集委員会、2009.『日本樹木誌』, 日本林業調査会、東京.
日本植物分類学会国際命名規約邦訳委員会(訳・編)、2012.『国際藻類・菌類・植物命名規約』(メルボルン規約)、北隆館、東京.
野間直彦、1999. 毒を持つ液果の謎, 上田恵介(編著)『種子散布』, 築地書館、86~87pp、東京.
長谷川雪旦、1838. 隅田川堤花看, 『東都歳時記付録』2巻(石川英輔, 田中優子監修、1996.『江戸名所図絵(全3巻)』, 評論社、東京).
長谷部志泰他(訳)、2002. ギフォード, フォスター著、『維管束植物の形態と進化』, 文一総合出版、東京.
林弥栄、1969.『有用樹木図鑑(樹木編)』, 誠文堂新光社、東京.
初鳥佳彦、1989. 掘田満(編)『世界有用植物事典』, 230p、平凡社、東京.
濱谷稔夫、2008.『樹木学』, 131~134pp、地球社、東京.
深澤和三、1997.『樹体の解剖』, 海青社、大津市.
藤田桂大、1998.『吉野林業地帯』, 古今書院、東京.
藤野寄山、1900. 上野公園櫻花ノ種類, 日本園芸会雑誌, 92:1.
古島敏雄、2005.『日本農業史』, 岩波書店、東京.
堀田満、1974.『植物の分布と分化』, 三省堂、東京.
前川文夫、1949. 日本植物区系の基礎としてのマキネシア, 植物研究雑誌, 24:91~96.
牧野富太郎、1961.『牧野日本植物図鑑』, 北隆館、東京.
牧野富太郎、1961.『牧野新日本植物図鑑』, 北隆館、札幌市.
三好教夫他、2011.『日本産花粉図鑑』, 北海道大学出版会、札幌市.
邑田仁他、2009.『高等植物分類表』, 北隆館、東京.
森本幸裕、2010. 吉野山の桜, 永田洋編(編)、95~101、丸善、東京.
文部省他(編)、1995.『文部省学術用語集、植物学編(増補版)』、丸善、東京.
牧野富太郎他、1989.『岩波生物学辞典』, 第4版, 岩波書店、東京.
山崎敬(編)、1981.『現代の生物学大系 高等植物(上)』, 中山書店、東京.
愈徳俊, 陳焕庸他、1986.『中国植物志』, 薔薇科 3, 第38巻、1-144. 科学出版社、北京.(中国語)
吉田雅夫、2003. スモモ, 農業技術大系・果樹篇、28号基3~22, 農文協.
和田博幸、2007. 樹形を変えながら長生きする樹・大島のサクラ株, 櫻の科学, 13:45.
渡邊定元、1997. フォッサマグナとフジザクラの起源, 富士山文化叢書、第14集:103~120. 富士宮市教育委員会.

引用文献　英語他

Abdulina, S. A., 1998.『Checklist of Vascular Plants of Kazakhstan』, Almaty.
Benson, L., 1959.『Plant Classification』, D.C.Heath and Company, Lexington.
Blamey, M. and Ch. Grey-Wilson, 1989.『The Illustrated Flora of Britain and Northern Europe』, Hodder & Stoughton, London.
Campbell, C.S., R.C.Evans, D.R.Morgan, T.A.Dickinson, and M.P.Arsenault. 2007. Phylogeny of subtribe Pyrinae (formerly the Maloideae, Rosaceae): limited resolution of a complex evolutionary history. Plant. Syst. Evol. 266:119-145.
Cronquist, A., 1981.『An integrated system of classification of flowering plants』, Columbia University Press, New York.
Engler, A. und K. A.E.Prantl, 1887-1915 .『Die naturlichen Pflanzenfamilien』, 23 volumes, Leipzig, W. Engelman.
Focke, W.O., 1891. Rosaceae, in Engler, A. und K. Prantl,『Die naturlichen Pflanzenfamilien』, III Teil. 2 Abteilung: 2-35pp., Leipzig, W. Engelman.
Gardner, S., et al., 2000.『A Field Guide to Forest Trees of Northern Thailand』, Kobfai Publishing Project, Bangkok.
Gifford, E.M. and A.D.Foster, 1989.『Morphology and Evolution of Vascular Plants』, Freeman and Company, New York.
Gleason, H. A. & A. Cronqist, 1991.『Manual of Vascular Plants of Northern United States and Adjacent Canada』, Second ed., The New York Botanical Garden, Now York.
Heywood, W. H. et al., 2007.『Flowering Plant Families of the World』、Fireffly Books, Ontario.
Iwatsubo, Y. , T. Kawasaki, & N. Naruhashi, 2002. Chromosome numbers of 193 cultivated taxa of Prunus subg. Cerasus in Japan, J. Phytography and Taxonomy, 50: 21-34.
Jackson, B. D., 1928.『A Glossary of Botaniuc Terms』, Fourth ed. Gerald Duckworth & Co. LTD, London.
Johnson, O. & D. More, 2004.『Collins Tree Guide』, Harper Collins, Publ., London.
Judd, W. S. et al., 2008.『Plant Systematics, A Phylogenetic Approach』3rd ed., Sunderland, Massachusetts.
Komarov. V. L. (ed.), 1941. Prunoideae in『Flora of U.S.S.R』, 10:381-448, Jsrael Program for Scientific Translations, Jerusalem 1971 (English).
Konta, F. & L. Wang. 1998. Vegetation in and around the minorities villages in Western Yunnan, China. Natural Environmental Science Research 11: 13-21.
Lee, S. & J. Wen, 2001. A phylogenetic anlysis of Prunus and the AMYGDALOIDEAE (Rosaceae) using ITS seuences of nuclear ribosomal DNA, American Jounal of Botany 88: 150-260.
Mabberley, D.J., 2008,『Mabberey's Plant-Book』, Cambridge University Press, Cambridge.
Melchior, H.,1964.『A. Engler's Syllabus der Pflazen Pflanzenfamilien II Band. Gebruder Borntraeger, Berlin-Nikolasse, Berlin.
Nakamura, I, et al., 2014. Diversity and breeding of flowering cherry in Japan. Adv. Hort. Sci. 28(4): 236-243.
Ohba, H., 1992. Japanese Cherry Trees under the Geneus Cerasus (Rosaceae). Journ. Jap. Bot. 67: 276-281.
Ohba, H., 2001. Cerasus incisa, in Iwatsuki, K. et al., (ed.),『Flora of Japan』, vol. III. 132-133. Kodansha, Tokyo.
Potter, D. & T. Erikson et al., 2007. Phylogeny and Classification of Rosaceae, Pl. Syst. Evol. 266: 5-43.
Poyarkova, A.I., 1941. Cerasus, in V. L. Komarov (ed.)『Flora URSS』10: 407-428. Jsrael Program for Scientific Translations, Jesrusalem (English).
Sennikov, A.N., 2011.『Checklist of vascular plants of Kyrgyztan』, Botanical Museum, Finnish Museum of Natural History, University of Helsinki. (Russian)
Simpson, M.G., 2006.『Plant Systematics』, Elsevier, Amsterdam. Starfinger, U., & Brock, J. H. et al., (ed.), 1997.『Plant Invasions: Studies from North America and Europe』, Backyus Pub. Leiden.
Shishikin. B.K.,1941. Subfamily 4 PRUNOIDEAE, Key to Genera, in Komarov,V. L. (ed.)『Flora of USSR』, Translation, Jerusalem, 1971.
Stuessy, T. F., 1990. In『Plant Taxonomy』, Columbia Univ. Press., New York.
Webster, M., 1965.『Webster's Seventh New Collegate Dictionary』, G.&C. Merriam Company, Springfield.
Yamazaki,T., 1996.『A Revision of the Genus *Rhododendron* in Japan, Taiwan, Korea and Sakhakin』, Tsumura Laboratory, Tokyo.

写真提供

表紙・p1
久保秀一

p23
オオシマザクラの種子と核・モモとウメの核／久保秀一

p81
サクラの花粉の走査電顕写真／
三好教夫（岡山理科大学理学部名誉教授）

p96～97
オオシマザクラの種子と核・モモの実と核・アンズの核／
久保秀一

p98
オオシマザクラの種子と断面／久保秀一

p122
醍醐の桜の培養・醍醐の桜／
住友林業株式会社筑波研究所　中村健太郎

p137
木口と板目の顕微鏡写真／
高橋晃（兵庫県立人と自然の博物館）

p149
伊豆大島の桜株　昭和初期と現在（右上）／
東京都立大島公園

p149
伊豆大島の桜株（下）／
田中秀明（茨城県結城市日本花の会結城農場）

p155
弘前城の桜／木村正雄（「青い森から、光と音のブログ」より）

p165
東都歳時記／早稲田大学図書館

p166
太閤五妻洛東遊観図／
© The Trustees of the British Museum

p172
吉野の杉林／鳥居由佳

p175
土倉庄三郎氏記念の碑／奈良県吉野郡　川上村役場

p189
梅の剪定／小田原曽我の梅林・昇珠園

p192～193
桜葉の塩漬け／小泉商店

p199
木版画とその版木／有限会社　竹笹堂

p201
藤咲彦六作・鞣入三段印籠／角館樺細工伝承館

p203
樺の種類／角館樺細工伝承館

撮影日付のある写真は筆者による

謝辞

本書を執筆するに当たり、多くの個人や組織にお世話になりました。下記に記して御礼申しあげます。本書は当初、無彩色の小冊子としての出版が予定されましたが、サクラの花の華やかさが生きるようにカラーを用い、内容も充実することができました。技術評論社の大倉誠二氏とフリーの編集者清水洋美氏に深謝します。

個人

石川義章	静岡県掛川市企画政策部地域支援課係
上原浩一	千葉大学大学院園芸学研究科准教授
海老名雄次	青森県弘前市都市環境部公園緑地課主事
柿原聖吾	和歌山県奥吉野ホテル杉の湯料理長
北川淳子	福井県里山里海湖研究所主任研究員
久保秀一	生物写真家
小泉邦夫	静岡県賀茂郡松崎町株式会社小泉商店社長
小林　勝	青森県弘前市都市環境部公園緑地課参事
杉野孝雄	掛川市緑化推進委員会会長
高島まち子	秋田県角館工芸共同組合事務局長
高橋　晃	兵庫県立人と自然の博物館事業推進部長
高橋正美	秋田県樺細工伝統工芸士
田中秀明	茨城県結城市日本花の会結城農場長
田辺　真	静岡県掛川市企画政策部地域支援課長
土井髙太郎	東京都総務局大島支庁大島公園事務所長
冨岡浩樹	秋田県有限会社冨岡商店社長
中川麗美	住友林業株式会社筑波研究所研究員
中村郁郎	千葉大学大学院園芸学研究科教授
中村健太郎	住友林業株式会社筑波研究所主席研究員
鳴橋直弘	富山大学理学部名誉教授
萩原栄揮	山梨県果樹試験場栽培部落葉果樹試験場研究員
橋場真紀子	青森県弘前市都市環境部公園緑地課主事
藤木利之	岡山理科大学講師
松下藤彦	静岡県沼津市産業振興部農林農地課課長補佐
水野真介	静岡市水野造園社長
松田義之	尚美学園理事長
三好教夫	岡山理科大学理学部名誉教授
保竹貴幸	静岡県富士宮市教育委員会文化課
横山　均	住友林業株式会社住宅事情本部営業企画部
渡邊定元	元東京大学大学院農学生命科学研究科教授

組織

- 一般財団法人森永エンゼル財団
- 環境省自然環境局新宿御苑管理事務所
- 静岡県掛川市企画政策部地域支援課
- 静岡県富士宮市教育委員会文化課
- 静岡県沼津市産業振興部農林農地課
- 住友林業株式会社筑波研究所
- 東京大学大学院理学研究科附属日光植物園分園
- 弘前市都市環境部公園緑地課
- 山梨県果樹試験場
- 山梨県立フラワーパーク

編　集　　清水洋美
イラスト　　小堀文彦
装丁・造本　　横山明彦（WSB inc.）

生物ミステリー　桜の樹木学

2016年　4月25日　初版　第1刷発行
2023年　4月26日　初版　第2刷発行

著　者　　近田文弘
発行者　　片岡　巌
発行所　　株式会社技術評論社
　　　　　東京都新宿区市谷左内町21-13
電　話　　03-3513-6150　販売促進部
　　　　　03-3267-2270　書籍編集部
印刷・製本　大日本印刷株式会社

定価はカバーに表示してあります。
本書の一部または全部を著作権法の定める範囲を超え、無断で複写、複製、転載あるいはファイルに落とすことを禁じます。

© 2016　近田文弘

造本には細心の注意を払っておりますが、万一、乱丁（ページの乱れ）や落丁（ページの抜け）がございましたら、小社販売促進部までお送りください。送料小社負担にてお取り替えいたします。

ISBN978-4-7741-7991-9 C3045
Printed in Japan